Ihre Interview-Texte zum Download:

Die folgenden Interviewgespräche stehen für Sie zum Download bereit:

- Interview mit Herbert Zötler und Niklas Zötler,
  Privat-Brauerei Zötler GmbH
- Interview mit Norma Beeken und Henning Beeken,
  Hof Eggers in der Ohe / Beeken Gartenbau
- Interview mit Michael Weiß,
  Meckatzer Löwenbräu Benedikt Weiß KG
- Interview mit Dr. Francesca Rosenberger,
  Hotel Gabrielli / Hotel Waldhof auf Herrenland
- Interview mit Dr. August Oetker, Dr. Oetker AG
- Interview mit Wolfgang Grupp, Trigema Wolfgang Grupp e.K.
- Interview mit Carsten Henning,
  Räder-Vogel Räder- und Rollenfabrik GmbH und Co. KG
- Interview mit Dr. Christine Sasse und Laura Friederike Sasse,
  Dr. Sasse AG

Den Link sowie Ihren Zugangscode finden Sie am Buchende.

Jochen Waibel

Kommunikationskultur in Familienunternehmen

Unternehmer im Gespräch — von Führungsverantwortung
über Konfliktlösung bis zur Nachfolgeregelung

1. Auflage

Haufe Gruppe
Freiburg · München · Stuttgart

Bibliografische Information der Deutschen Nationalbibliothek

Die Deutsche Nationalbibliothek verzeichnet diese Publikation in der Deutschen Nationalbibliografie; detaillierte bibliografische Daten sind im Internet über http://dnb.dnb.de abrufbar.

Print: ISBN 978-3-648-08967-5   Bestell-Nr. 10422-0001
epub: ISBN 978-3-648-08968-2   Bestell-Nr. 10422-0100
ePDF: ISBN 978-3-648-08969-9   Bestell-Nr. 10422-0150

Jochen Waibel
Kommunikationskultur in Familienunternehmen
1. Auflage 2016

© 2016 Haufe-Lexware GmbH & Co. KG, Freiburg
www.haufe.de
info@haufe.de
Produktmanagement: Jürgen Fischer

Lektorat: Helmut Haunreiter, Marktl am Inn
Grafiken: MarktTransparenz Uwe Giese, Berlin
Satz: kühn & weyh Software GmbH, Satz und Medien, Freiburg
Umschlag: RED GmbH, Krailling
Druck: BELTZ Bad Langensalza GmbH, Bad Langensalza

Inhaltsverzeichnis

Mein Dank 13

Grußwort 15

Einführung 17

1   **Vom ältesten Gasthaus und der ältesten Brauerei der Welt
zu den Geheimnissen der Familienunternehmen** 23
1.1   Familienunternehmen – schlau wie Einstein? 24
1.2   Familienunternehmen – starr wie ein Stein? 25
1.3   Interviewgespräche: Vertrauen geben – Vertrauen zurückerhalten . . 30
1.4   Führung durch Vertrauen. Vom Trauern und sich Trauen
zur Geistesgegenwart 32

2   **Großväter und -mütter sowie Väter und Mütter als Vorbilder
und »Portalfiguren«** 37
2.1   Alpha erstellt's, Beta erhält's und Omega zerschellt's 37
2.2   Die Portalfiguren des Lebens 39
2.3   Brief an meine Gründer-Großeltern, meine ersten
unternehmerischen Vorbilder 47

3   **Die Familie als Mittel•Punkt im Unternehmenszusammenhang** . 51
3.1   Was ist Familie? 51
3.2   Was ein Unternehmen zum Familienunternehmen macht:
»Glied in einer Kette« 54
3.3   Unterschiede und Gemeinsamkeiten von Familie und
Familienunternehmen 66

4   **Der Patriarch als Ausgangspunkt von Führung: Machteingriffe
und kommunikative Win-win-Situationen** 71
4.1   Verschiedene Blickwinkel erhellen die Persönlichkeit des Patriarchen 72
4.2   Die persönliche Haltung in der Führungsverantwortung – Innere Größe
oder Scheinriese? 83

5	**Kommunikation zwischen Nähe und Distanz**	93
5.1	Die fünf Umgebungsbereiche unserer Umwelt	94
5.2	Von der ökologischen Nische über nachbarschaftliche Kommunikation m Orbit zur territorialen Abgrenzung	97
5.3	Der persönliche Raum mit vier Distanzbereichen	102
5.4	Der persönliche Bereich schützt das Bedürfnis nach Privatheit	105
6	**Individuelle Kommunikationsstärken optimal entfalten – Teamrollen und Persönlichkeitsmerkmale richtig einsetzen**	111
6.1	Schwachstellen kennen und Rollenstarrheit überwinden, um seine Talente und Stärken zu finden	111
6.2	Neun Teamrollen	118
6.3	»Ich bin es« – Rollenidentität gibt Sicherheit	127
7	**Wie sich Konflikte verhärten oder gelöst werden können: Sieben Kontaktenergien beschreiben den Kommunikationsstil**	133
7.1	Adidas und Puma – Innerfamiliäre Konkurrenz trennt eine Stadt	134
7.2	Die Kontaktenergien hörbar und sichtbar in Sprache und Stimme	136
7.3	Die verinnerlichte Kommunikationskultur der Familienunternehmer	147
7.4	Interkulturelle Kommunikation	154
8	**Drei Seiten einer Medaille ermöglichen Dialog auf dem Weg zur Unternehmensnachfolge**	167
8.1	Drei Seiten einer Medaille stärken den Dialog in Familienunternehmen	168
8.2	Betriebsrat oder Inhouse Mediation im Unternehmen: drei Seiten einer Medaille	172
8.3	Die »gemeinsame dritte Sache« oder step by step durch die Kontaktphasen	177
8.4	Führung mit den drei Kompetenzen LED: Lösen, Entscheiden und Dialog führen	185
9	**Stimmiges familiäres Handeln durch den Kompass der Stimmigkeit – systemische und individuelle Blickrichtung**	193
9.1	Der Kompass der Stimmigkeit von stimmig bis verstimmt	193
9.2	Stimmige bis verstimmte Familienmitglieder weisen auf die Familienkultur hin	198

10   Konzentration und Vertiefung: im Flow sein 205
10.1   Annäherung an den Flow: Schöpferische Aufmerksamkeit 206
10.2   Ehrgeiz und Perfektion verhindern den Flow – oder:
          das Pareto-Prinzip 214
10.3   Mediation oder Meditation: häufig verwechselte Worte 218

11   Von der Idee zur Nachhaltigkeit 223
11.1   L'idée vient en parlant – Eine Idee braucht ein Gegenüber 223
11.2   Generationsübergreifendes Unternehmerverständnis
          fördert Nachhaltigkeit 225

Anhang 235
Die Unternehmen meiner Interviewpartner im Überblick 235
Die Unternehmen in Stichworten 243
Interview mit Herbert und Niklas Zötler 248
Welche Interviewpartner noch auf meiner Wunschliste stehen 263

Schlusswort 267

Literaturverzeichnis 271

Stichwortverzeichnis 279

Autor   287

Ich kann freilich nicht sagen,
ob es besser werden wird wenn es anders wird;

aber so viel kann ich sagen, es muß anders werden,
wenn es gut werden soll.
Georg Christoph Lichtenberg

Willst du das Land ordnen, ordne zuerst die Provinzen.
Willst du die Provinzen ordnen, ordne zuerst die Städte.
Willst du die Städte ordnen, ordne zuerst die Familien.
Willst du die Familie ordnen, ordne zunächst dich.
Nach einer asiatischen Tugend

Wer zwey Paar Hosen hat,
mache eins zu Geld und schaffe sich dieses Buch an.
Georg Christoph Lichtenberg (Gedankenbücher S. 84)

Mein Dank

- für wundervolle Gespräche, konstruktive Einlässe und wichtiges Feedback an Uwe Heckmann, Tita Heyn und Jörg Seifert,
- für wesentliche Impulse und wertvolle Rückmeldungen an unsere Regionalgruppe Wirtschaftspsychologie (Arbeits-, Betriebs- und Organisationspsychologie) Hamburg und Schleswig-Holstein,
- an alle Interviewpartner, die ohne große Umstände zugesagt haben,
- an meine Kunden und Klienten, die mich durch die gemeinsame Arbeit zur Entscheidung motivierten, dieses Buchprojekt anzupacken und die interessiert nachfragten, wie weit ich denn sei: charmant,
- last but not least an meinen Lektor Helmut Haunreiter, der versiert und engagiert auf unaufdringlich sympathische Art mit mir einen intensiven Dialog pflegte, um das Buch zu dem zu machen, was es ist: lesenswert.

Meinen Söhnen Paul und Tom in Liebe.

Grußwort

Es ist mir eine Freude, diesem Buch ein Grußwort mit auf den Weg zu geben! Jochen Waibel beschreibt, wie wichtig die Kommunikation im Familienunternehmen ist, damit eine Firma über Generationen hinweg so geführt werden kann, dass sie ihre Identität bewahrt. Meine eigene Erfahrung mit einem Familienunternehmen begann mit Birkenstock, dessen Produkte ich in die USA einführte.

Es war das Jahr 1966. Während eines Besuchs in Deutschland hatte ich ein Paar Sandalen entdeckt, die mein Leben völlig verändern sollten. Diese Sandalen halfen meinen Füßen, nach wenigen Monaten war ich der Überzeugung, dass sie auf den US-Markt gehörten. Dort war nichts dergleichen zu finden, Schuhe zu der Zeit waren spitz und hatten einen Absatz, also eine reine Tortur für die Füße! Ich fragte Herrn Karl Birkenstock, ob ich seine Schuhe in den USA einführen könne und er stimmte unmittelbar zu: »Ja!« Seine Firma war noch in den Anfängen und er konnte es sich leisten, mit einem völligen »Unknown« auf dem US-Schuhmarkt anzufangen.

Die Schuhbranche schüttelte sozusagen den Kopf und erklärte, dass so etwas keine Frau hier tragen würde. Aber meine Erfahrung stand dem ja entgegen, ich musste nur an die Leute herankommen! Durch Freunde erfuhr ich, dass das Treffen der »Association for Health Foodstore Owners« – so etwas wie in Deutschland die Reformhäuser – in diesem Jahr in San Francisco stattfand, und zwar im Juli 1967. Das war in zwei Wochen. Ich erhielt noch einen Stand, einen Tisch mit rotem Tischtuch, und stand dann da mit meinen Sandalen und meiner Begeisterung für die Sache. »Bitte probieren Sie an, Sie brauchen nichts zu kaufen!«, waren meine Worte. Und so begann es. Die gekauften Sandalen waren nur für den persönlichen Bedarf, bald wurden weitere Paare für Geschäftskunden nachbestellt.

Wir hatten ein »Geschäft«, ein »Unternehmen«. Da gab es viel zu lernen, aber ich war es ja gewohnt, Fragen zu stellen, den Angestellten und auch den Coaches und Consultants. So wuchs die Firma bis zu einem Umsatz von über 100 Millionen Dollar und auf rund 200 Mitarbeiter. Von Anfang an habe ich die Mitarbeiter in allen Phasen des Geschäfts miteinbezogen. Als die Zeit der Nachfolge kam, verkaufte ich die Firma 2002 schließlich an die Angestellten. Leider entstanden einige Schwierigkeiten nach meinem Ausscheiden, aber die deutsche Firma kaufte das Unternehmen Birkenstock USA im Jahr 2010, um es zu retten und es geht jetzt hervorragend weiter.

Das Verhältnis mit der Firma Birkenstock war über die Jahre hin immer sehr offen. Viele Reisen hin und her sorgten für eine gute Verbindung. Ich kannte die ganze Herstellung, den ganzen internen Ablauf. Auch die drei Söhne waren mir von klein auf bekannt. Herr Birkenstock Senior führte die Firma wie ein Patriarch, er konnte sich nicht entscheiden, welchem der Söhne er die Leitung übergeben sollte. Er erlaubte, dass sich eine Konkurrenzsituation zwischen ihnen entwickelte. Diese war jedoch nicht haltbar, sodass jetzt niemand aus der Familie in der Führung tätig ist. Es gibt einen Vorstand, aber die Geschäfte werden von Fremden getätigt, bislang recht gut.

Es besteht ein solides Fundament für das Weiterbestehen, das Produkt ist gut, man kann mit Überzeugung dafür einstehen. Aber wie viele interne Komplikationen hätte man vermeiden können, wenn man den Kommunikationsvorschlägen dieses Buches von Jochen Waibel gefolgt wäre!

Deshalb wünsche ich diesem Buch einen wunderbaren Erfolg mit vielen Lesern.

Novato, California, im Juni 2016

Margot Fraser

Gründerin Birkenstock USA

Einführung

Im Zeitalter der Globalisierung verlieren viele Menschen den Überblick über gesamtwirtschaftliche Zusammenhänge und Wirkmechanismen, selbst wenn sie als Mitarbeiter oder als Selbstständige Teil des Geschehens sind. Familienunternehmen stellen hier zwar nicht grundsätzlich eine Ausnahme dar, haben aber den Nimbus des Überschaubaren und eben »Familiären«, selbst wenn sie weltweit agieren und Tausende von Mitarbeitern beschäftigen. Das erklärt zum Teil das im öffentlichen Diskurs gestiegene Interesse an Familien und Familienunternehmen, die sich durch das auszeichnen, was mit Familie und Familienunternehmen im Positiven assoziiert wird: zeitlose Werte, Nachhaltigkeit über Generationen, Produktivität und Wertschöpfung. Aber auch kleine Familienunternehmen, die an der Frage der Generationennachfolge oder der Anpassung an zeitgemäße Formen und Regeln von Produktion und Vermarktung ebenso zu scheitern drohen wie größere, wurden in letzter Zeit – auch journalistisch – stärker in den Blick genommen.

In diesem Buch geht es um Kommunikation und die Kommunikationskultur in Familien und Familienunternehmen. Im Allgemeinen versteht man unter Kommunikation den Austausch von Informationen zwischen zwei oder mehreren Personen. Kommunikation als erfolgsrelevanter Faktor ist dabei mehr als das direkte Gespräch, der Dialog. Sie lebt vom verbalen und auch nonverbalen Ausdruck, von individuellen Kommunikationsstärken, vom persönlichen Verhalten der beteiligten Personen bei mehr oder weniger Nähe oder auch Distanz. Kommunikation hat persönlichen Stil und lebt aus der individuellen Haltung, sie drückt sich in handgeschriebenen Briefen oder E-Mails aus, in der Art, persönliche Gespräche zu pflegen. Kommunikation kann stimmig oder auch verstimmt sein. Letztlich findet immer dann, wenn Menschen miteinander in Kontakt treten – sei es direkt oder indirekt – Kommunikation statt. Überspitzt gesagt kommuniziert der als Nachfolger eines Familienunternehmens vorgesehene Junior bereits durch die Wahl seiner Kleidung, die er bei einem familieninternen Gespräch über die Zukunft des Unternehmens trägt. In diesem sehr weiten Sinn verwende ich den Begriff Kommunikation, womit sich im vorliegenden Buch letztlich alles genau darum dreht.

Inwieweit es so etwas wie eine Kultur im Familienunternehmen bzw. in der das Unternehmen prägenden Familie gibt, verdeutlicht das Buch ebenso wie die Frage, welche Faktoren entscheidend sind. Dafür ging ich mit Familienunternehmerinnen und unternehmern ins Gespräch. Die Interviewgespräche, die ich für dieses Buch führte, geben einen sehr intimen Einblick hinter die Kulissen einer Unternehmerfamilie, geben Einblicke, wie die Personen miteinander umgehen und miteinander in Kontakt treten, sich begegnen und warum es einmal sehr gut gelingt und ein anderes Mal auch gar nicht, eine Kommunikationskultur für das Familienunternehmen zu entwickeln – eine Kultur, die hilft, das Unternehmen über alle Höhen und Tiefen zu tragen.

Jede Kommunikation hat eine inhaltliche Seite und eine Beziehungsseite, wobei die Beziehung den Inhalt bestimmt, beispielsweise eine Vater-Sohn-Beziehung ebenso wie die Mutter-Tochter-Beziehung oder die Beziehung zwischen Großeltern und Enkel. Deshalb schauen wir uns in diesem Buch immer wieder auch die Beziehung der Personen zueinander an. Die Beziehung der Familienmitglieder zueinander und auch die Beziehungen zwischen Führungspersönlichkeiten und Mitarbeitern schaffen und gestalten die Kultur im Unternehmen und gerade im Familienunternehmen, in dem die Wege erfrischend kurz sein können und daher durch das eigene Handeln sehr schnell Wirkung erzielt werden kann oder aber die Wirkung verpufft, weil man sich im Konflikt verheddert.

Die kurzen Kommunikationswege, also die Möglichkeit, sich unmittelbar mit den Entscheidungsträgern austauschen zu können, kann der entscheidende Vorteil sein, um die besten Mitarbeiter zu erreichen. Beispielsweise wechselt die 56-jährige Finanzchefin des Dax-Konzerns Lufthansa, Simone Menne, zum 1.9.2016 zu Deutschlands zweitgrößtem Pharmakonzern, dem Familienunternehmen Boehringer Ingelheim, als »Möglichkeit zur persönlichen Weiterentwicklung« (Handelsblatt, 10.6.2016). Eine naheliegende Deutung ist eben auch, dass die Wege dort kürzer sind. Geführt wird Boehringer demnächst wieder von der Familie selbst, von Mennes Vorgänger im Finanzvorstand, dem Urenkel des Gründers Albert Boehringer, Hubertus von Baumbach.

Ich möchte in diesem Buch das Feld der Kommunikation vor allem aus der psychologischen Perspektive erhellen und Antworten finden auf entscheidende Fragen, die den – weiteren – Erfolg am Markt betreffen. Gelingt die Kommunikation in Familienunternehmen und den betreffenden Familien, dann können auch Veränderungsprozesse gelingen wie beispielsweise Nachfolgeregelung, Neuausrichtung des Unternehmens, Erweiterung bzw. Reduzierung der Produktpalette oder auch Überprüfung der Standorte oder Filialen.

Konkurrenz, höhere Rohstoffpreise und andere manchmal unberechenbare Faktoren sind Risiken genug. Ein Familienunternehmen ist angesichts dieser externen Risiken gut beraten, sich nicht auch noch Intrige und Dauerkonflikt zuzumuten – als zusätzliches Existenzrisiko, diesmal von innen lodernd. Ein nützlicher Schutz dagegen ist, eine interne Dialogkultur zu entwickeln sowie Innovation und innere Beweglichkeit zu ermöglichen.

Manchmal erscheint ein Familienunternehmen wie ein trojanisches Pferd: Es ist etwas anderes drinnen als erwartet. Es steht vor einem, aber es ist unklar, was es in sich (ver)birgt. Insbesondere bei der Neubesetzung einer Position oder bei einer bevorstehenden Regelung der Unternehmensnachfolge steht das Familienunternehmen womöglich unvermittelt da, sei es als Geschenk oder als Erbe, als Nachfolge- oder Geschäftsangebot: Nur ist eben häufig nicht klar, was im Gesamtpaket steckt. Das Familienunternehmen steckt voller Geheimnisse. Zwar kann ein Pferd oder Paket aufgemacht und dann auch wieder geschlossen und abgelehnt bzw. zurückgegeben werden. Manchmal aber eben auch nicht. Sie sind mitten drin, haben sich auf eine verantwortungsvolle Position eingelassen. Dann ist es zu spät und macht Arbeit: ein Trojaner.

Worte, Taten, Schlichtungsprozesse, Mediationsverhandlungen, Coachings, Unternehmensberatungen begleiten Familienunternehmen bei Veränderungsprozessen, sind dabei aber manchmal ebenso schwer einzuschätzen wie ein trojanisches Pferd: Was steckt in einem Beratungspaket, was kriege ich durch Coaching? Beinhaltet eine Wirtschaftsmediation außer einer gemeinsamen außergerichtlichen Konfliktlösung noch etwas anderes: womöglich einen faulen Kompromiss anstatt eine für beide Seiten vorteilhafte Win-win-Lösung?

Ich betrachte Familien und Familienunternehmen aus der Sicht des Gründerenkels eines Familienunternehmens und selbstverständlich auch aus der Sicht des Arbeits- und Kommunikationspsychologen, des Coachs, des Mediators und des Ausbilders dieser Berufsgruppen. Transparenz ist gerade auch bei einer von außen kommenden, professionell unterstützten Kommunikation ein hohes Gut – ganz im Gegensatz zum trojanischen Pferd, bei dem man eben nie weiß, was man erhält und für welches Beziehungsangebot die Offerte steht.

Für eine außerordentliche Transparenz sorgten die Unternehmerinnen und Unternehmer, die mir speziell für dieses Buch zum Interviewgespräch bereitstanden und mit großer Offenheit meine Fragen beantworteten. Sie ermöglichten nicht nur einen intimen Einblick in ihre Unternehmen, sondern zugleich auch in die familiäre Privatsphäre.

Für alle interviewten Familienunternehmerinnen und Familienunternehmer haben Traditionsbewusstsein und Innovation eine hohe Bedeutung. Das Interesse an einer umfassenden Sichtweise unter Einbeziehung verschiedener Perspektiven auf Tradition und zugleich Innovation bildet die stabile Basis für den Erfolg im 21. Jahrhundert.

»Das Ganze ist mehr als die Summe seiner Teile«, soll Aristoteles im vierten Jahrhundert vor Christus geschrieben haben. Ausführlich sagte er (in: Metaphysik, VII. Buch (Z), 1041 b10): »Das, was aus Bestandteilen so zusammengesetzt ist, dass es ein einheitliches Ganzes bildet – nicht nach Art eines Haufens, sondern wie eine Silbe –, das ist offenbar mehr als bloß die Summe seiner Bestandteile. Eine Silbe ist nicht die Summe ihrer Laute: ba ist nicht dasselbe wie b plus a, und Fleisch ist nicht dasselbe wie Feuer plus Erde.«

Es gilt, das Ganze in seinem Zusammenhang zu sehen: »An der Uinveitrsät von Noingttham/UK, fnad Graham Rawlinson in einer linguistischen Studie haeurs, dsas wir biem Lseen enes Wertos imemr das Wrot als Gnazes warmhnehen. Grede erhfarene Leesr leesn nciht jdeen Buschbaten einelzn für scih und wnadern von Buschbate zu Buschbate. Nien, sie übrebicklen sttes das gazne Wrot oder sogar einen ganzen Satz. Das eniizg whictgie ist, dsas der ertse und der lztete Buschbate am rtigeichn Paltz snid.« (Rawlinson, 1976).

Ein traditionsreiches Familienunternehmen macht es ebenso: Wenngleich Details beachtet werden müssen – sich in ihnen zu verlieren ist nicht gut. Es überblickt deshalb idealerweise das große Ganze, handelt getragen von einem langen Atem und verbindet sein Traditionsbewusstsein mit der nötigen Innovation, um beständig und erfolgreich zu wirken. Die Generationen arbeiten dafür Hand in Hand. Dies ist gerade dann wichtig, wenn Deutschland, wie aktuell geschehen, von Platz 10 der 60 wettbewerbsfähigsten Nationen auf Platz 12 abgerutscht ist (World Competitiveness Scoreboard 2016, vom schweizerischen Institute for Management Development IMD: www.imd.org) hinter sechs anderen europäischen Ländern mit Hongkong auf Platz 1 sowie der Schweiz auf Platz 2.

Bei der Bewertung geht es dem IMD um den Grad der Fähigkeit, Waren und Dienstleistungen gewinnbringend abzusetzen. Das IMD betont beispielsweise bezüglich Deutschland dessen Standortvorteile mit gut ausgebildeten Arbeitnehmern, Bestnote Triple A am Kapitalmarkt bei hoher Kreditwürdigkeit Deutschlands und last but not least einem starken Mittelstand, wozu viele Familienunternehmen zählen. Die Schwächen sind beispielsweise die im internationalen Vergleich schlechter abschneidenden Manager Deutschlands, das aktuell höher eingestufte Risiko politischer Instabilität, die sich zunehmend verschlechternde Infrastruktur sowie das Abgleiten wissenschaftlicher Institutionen von Rang vier auf Rang sechs.

Die Familienunternehmen, die in diesem Buch im Fokus stehen, sind mehr oder weniger prominent, variieren von klein bis groß, von berühmt bis regional bekannt. Ein lebendiger Querschnitt erwartet die Leser dieses Buches. Viel Spaß!

1 Vom ältesten Gasthaus und der ältesten Brauerei der Welt zu den Geheimnissen der Familienunternehmen

sub rosa dictum – unter der Rose gesagt, muss geheim bleiben
Mittelalterliche Redewendung

Niemand beichtet gern in Prosa;
Doch vertraun wir oft sub Rosa
In der Musen stillem Hain
Goethe (aus: »An die Günstigen«)

In diesem Kapitel geht es darum, ob Familienunternehmen so schlau wie Einstein oder eher so starr wie ein Stein sind. Beispielhaft betrachte ich im Zusammenhang mit dieser Frage u. a. die älteste Familienbrauerei und das älteste Familienunternehmen. Zudem schaue ich auf die Bedeutung des »Geheimnisses und der Rose«. Außerdem beschreibe ich, was ich unter Führung mit Vertrauen verstehe.

Einer meiner Söhne kam einmal mit einem Wortspiel nachhause. Bist Du so schlau wie EinStein? Daraus machte ich die Frage:

Sind Familienunternehmen so schlau wie EinStein?

Diese doppeldeutige Frage kann natürlich nicht pauschal beantwortet werden.

1.1 Familienunternehmen – schlau wie Einstein?

Ja, manche Familienunternehmen wirken tatsächlich so schlau, so genial wie Einstein – der die Vorstellung von Raum und Zeit durcheinander brachte – und bewahren das Unternehmen für sich und ihre Mitarbeiter über Generationen.

Ich möchte Ihnen zunächst zwei traditionsreiche Familienunternehmen vorstellen: Das ist zum einen die älteste Familienbrauerei der Welt, die Zötler-Brauerei, im Herzen des Allgäus gelegen. Sie beglückt die Menschen nunmehr seit 1447 in der 21. Generation mit ihren Produkten. Der Seniorwie auch der Juniorgeschäftsführer waren freundlicherweise bereit zu einem Interview, das Sie weiter unten nachlesen können. Das zweite Beispiel ist das (vermutlich) älteste Familienunternehmen der Welt, das japanische Gasthaus und Hotel Hoshi Ryokan. Es liegt in einem kleinen Dorf namens Awazu Onsen an der Westküste Japans. Das Hoshi Ryokan existiert seit dem Jahr 717 und versorgt seine Gäste inzwischen in der 46. Generation mit japanischer Küche – kombiniert mit heißen Bädern. Für das Gasthaus gilt das weitere Überleben allerdings nicht als gesichert, sofern es Sicherheit überhaupt geben kann. Das hat mehrere Gründe: Das Ryokan wird seit fast 1.300 Jahren von Zengoro Hoshi geleitet. Ist dieser Mann etwa 1.300 Jahre alt? Nein. Das dahinter stehende Geheimnis ist simpel: Seit der Gründer anno 717 sein damaliges Start-up begann, wird der Name Zengoro Hoshi weitergegeben. So eisern der Name, so eisern die Tradition. Die Tragödie des Familienunternehmens ist, dass der eigentliche Nachfolger, Hoshis ältester Sohn, vor zwei Jahren starb. Der zweite Sohn wiederum entzweite sich mit dem Vater. Nun steht zur Nachfolge Zengoro Hoshis Tochter Hisae Hoshi bereit. Die Hoffnung des Vaters liegt aber nicht nur auf der Tochter, sondern auch auf ausländischen Touristen, die an der traditionellen japanischen Kultur interessiert sind. Denn zur schwierigen Nachfolgesituation kommt hinzu, dass die modern ausgerichteten und verwöhnten Kunden das traditionelle Hotel zunehmend meiden.

Hoshis Tochter ist pflichtbewusst, aber überfordert. Die Führung des Unternehmens alleine zu übernehmen, empfindet sie als zu viel Verantwortung. Sie hofft nun auf ihren verstoßenen Bruder, doch dieser darf nur unter der Weisung seiner Schwester zurück ins Hotel, die sich ihrerseits lieber unterordnen würde. Falls sie das Familienunternehmen doch übernehmen sollte, würde ihr zukünftiger Mann den Namen Zengoro Hoshi annehmen müssen: Das wäre zumindest ein lösbares Problem (www.ho-shi.co.jp).

Es bleibt die Frage: Haben die bis heute so erfolgreichen und manchmal uralten Familienunternehmen den Stein des Weisen gefunden?

Nicht unbedingt, denn wie Sie am Beispiel des Hoshi-Unternehmens gesehen haben, ist eine sehr lange Unternehmenstradition nicht zwangsläufig ein Garant dafür, dass der Erfolg für immer anhält bzw. automatisch bis in die Ewigkeit Bestand hat.

1.2 Familienunternehmen – starr wie ein Stein?

Manche Familien, Dynastien oder auch Pseudodynastien wirken so starr wie ein Stein, glauben zwar, den Stein des Weisen gefunden zu haben, aber tragen die Gründungsidee nicht allzu weit und zerbrechen oder zerbröseln manchmal schon während der ersten Übergabe. »Wir haben uns einvernehmlich getrennt«, heißt es dann schmallippig. Wer ist dieses »wir«? Was heißt »getrennt«? Und inwiefern »einvernehmlich«? Oder zeigt sich hier der »Buddenbrooks-Effekt«, also eine bestimmte Instabilität in Familienunternehmen? Manche Unternehmer oder Unternehmen stehen gewiss nicht mit leeren Händen da, aber möglicherweise ohne familiären Nachfolger, wie es die Nachfolgeproblematik um Albert Darboven bzw. Eugen Block zeigt (s. u.).

Mancher Gründer bzw. aktuelle Firmeninhaber präsentiert sich gerne kerngesund und tatkräftig, trotz seiner siebzig Jahre: »Ich fühle mich topfit!«. Man wurde eben unersetzlich. Der eigene Erfolg scheint einem Recht zu geben und so hat man das Patentrezept in der Hand. Doch das Rezept wurde vom Nachfolger so nicht übernommen, also hat man sich »einvernehmlich getrennt«! Was für eine Haltung steht hinter diesen Worten? »Einvernehmlich« meint in erster Linie, unter Zustimmung aller betroffenen Parteien vereinbart. Durch die Blume, wenn schon nicht unter der Rose gesagt: Ein-ver-nehm-lich, einer hat's vernommen, genommen, womöglich ist es die weniger fest im Sattel sitzende, die potenziell nachfolgende

Person, die nicht mehr mit im Boot ist. Also Trennung! Der Ältere hat all seine Haare dem Leben und Unternehmen gegeben, die oder der Jüngere hat volle Haare, aber nicht das operative Geschäft in den Händen. Ohne Haare soll aber nicht bedeuten: ohne Leidenschaft, ohne Vitalität und das wird bewiesen mit aller Macht – und sei es zum Preis des Scheiterns einer Nachfolgeregelung.

Immanuel Kants berühmter »kategorischer Imperativ« lautet folgendermaßen: »Handle nur nach derjenigen Maxime, durch die du zugleich wollen kannst, dass sie ein allgemeines Gesetz werde.« Dieser Satz wurde zu einer Art Goldenen Regel für Familienunternehmer. Er findet seinen Ausdruck in dem Sprichwort: »Was du nicht willst, das man dir tu, das füg' auch keinem andern zu« – eine Maxime, die seine wirkungsvolle Entfaltung gerade in Familienunternehmen finden sollte. Daraus ergibt sich fast zwangsläufig, dass man dann aufhört, wenn man im besten Alter ist und nicht erst kurz bevor man umfällt. Anstatt: »Ich bin ja noch topfit! Also mache ich weiter« sollte die Maxime lauten: »Ich bin ja noch topfit und regle die Übergabe der operativen Geschäfte deshalb jetzt, so lange ich so fit bin!«

Vor der offiziellen Auszeichnung seines im Haufe-Verlag herausgegebenen Buches »Das demokratische Unternehmen« sagte Thomas Sattelberger in einer Podiumsdiskussion des Forums Wissenschaft und Bildung auf der Frankfurter Buchmesse 2015 zum Thema »Die Zukunft der Arbeit«: »Unternehmer sollten nicht Errungenschaften wie eine Monstranz auf der Fronleichnamsprozession vor sich hertragen.« Die Monstranz steht dabei für deren Patentrezept.

Ein prominentes Beispiel ist der bereits erwähnte Hanseat und Kaffeekönig Albert Darboven. Der vordergründige Streit um die Unternehmensführung und – tiefer sitzend – die klassische Vater-Sohn-Beziehung führte zu einem Konflikt. Dabei lüftete der Junior im 150ten Jubiläumsjahr von J. J. Darboven das Beziehungsgeheimnis zwischen sich und seinem Vater kurz nach den Feierlichkeiten und öffnete sich gegenüber der Zeitschrift Capital: »Ich bin fassungslos!« sagte er bezüglich des eigenmächtigen Verhaltens seines Vaters und dessen Aussage, weitere fünf Jahre das Unternehmen zu führen, acht Jahre nach dem Ausstieg des Juniors aus der Führung des Unternehmens und im 150. Jubiläumsjahr sowie einem Feierakt des Seniors im

Alleingang. Deshalb wolle er sein Schweigen brechen, sozusagen nicht unter der Rose sprechen wie in den letzten acht Jahren (s. Kap. 2 und Kap. 4).

Indirekt kommentierte dies Wolfgang Grupp, Eigentümer der Trigema Inh. W. Grupp e. K., 2012 auf dem Schweizer KMU-Tag, einem Kongress für Klein- und Mittelunternehmen in St. Gallen:

> **Wolfgang Grupp:** *Erfolg haben ist keine Kunst, Erfolg durchstehen ist eine Kunst. Und deshalb darf ich Sie bitten zu sagen, ob ich erfolgreich bin oder nicht: an meinem Grab, wenn ich im Prinzip meine Aufgabe hinter mich gebracht habe. Es gab viele erfolgreiche Unternehmer, aber sie haben leider den Erfolg nicht durchgestanden.*

Im Gesellschaftsroman »Buddenbrooks: Verfall einer Familie« von Thomas Mann (1901) geht die unternehmerische Entwicklung nach dem Tod von Thomas Buddenbrook sogar gänzlich zu Ende, der Sohn und Erbe wird einfach ignoriert, als gäbe es ihn nicht: »Die Dinge lagen so, daß liquidiert werden, daß die Firma verschwinden sollte, und zwar binnen eines Jahres; dies war des Senators letztwillige Bestimmung. Frau Permaneder zeigte sich heftig bewegt hierüber. »Und Johann, und der kleine Johann, und Hanno?!« fragte sie … Die Tatsache, daß ihr Bruder [Thomas B.] über seinen Sohn und einzigen Erben hinweggegangen war, daß er für ihn nicht hatte die Firma am Leben erhalten wollen, enttäuschte und schmerzte sie sehr. Manche Stunde weinte sie darüber, daß man sich des ehrwürdigen Firmenschildes, dieses durch vier Generationen überlieferten Kleinods, entäußern, daß man seine Geschichte abschließen sollte, während doch ein natürlicher Erbfolger vorhanden war. Aber dann tröstete sie sich damit, daß das Ende der Firma ja nicht geradezu dasjenige der Familie sei, und daß ihr Neffe eben ein junges und neues Werk werde beginnen müssen, um seinem hohen Berufe nachzukommen, der ja darin bestand, dem Namen seiner Väter Glanz und Klang zu erhalten und die Familie zu neuer Blüte zu bringen. Nicht umsonst besaß er soviel Ähnlichkeit mit seinem Urgroßvater …« (11. Teil, 1. Kapitel, S. 695 f.)

Um das Bild von vorhin nochmals zu verwenden: Den Stein des Weisen haben erfolgreiche Familienunternehmen vermutlich nicht gefunden, aber Haltung im Sinne von Weisheit, Wachheit und Bereitschaft zur Weiterentwicklung und kontinuierlichen Veränderung stärkt allemal die Unternehmenskultur und damit den Fortbestand. Dazu gehört ganz wesentlich die Gabe, eine zur Nachfolge bereitstehende Person langfristig aufzubauen, ihr den Rücken zu stärken, sie wertzuschätzen und ihr womöglich sogar mit Demut zu begegnen. Und wenn die für die Nachfolge vorgesehene Person schon sein soll wie der Vorgänger, fast so etwas wie ein jüngeres Abziehbild, dann sollte man erst recht auf der Hut sein, um nicht sie oder ihn sichtbar für alle zu demontieren. Denn dies kommt dann einer Vernichtung gleich. Arthur Darboven, der Junior und in seiner eigenen Firma erfolgreich unternehmerisch Handelnde, sagt über das väterliche Unternehmen J. J. Darboven: »Die Zukunft der Firma hängt in der Luft.« (s. Kap. 4) Indem er seine eigene Unternehmung macht, statt sich auf das jüngere Abziehbild reduzieren zu lassen, unterstreicht er eine klassische Problematik zwischen den Generationen, wie es auch Herr Carsten Henning, Geschäftsführender Gesellschafter der Firma Räder-Vogel Räder- und Rollenfabrik GmbH und Co. KG in Hamburg-Wilhelmsburg auf den Punkt brachte:

> **Carsten Henning:** *Ich glaube schon, dass ich nicht nur dieses Unternehmen führen kann, ich kann auch ein anderes Unternehmen führen oder einen anderen Job machen. Da mache ich mir keine Sorgen. Es gibt ja noch 68.000 andere Senioren, die keinen Nachfolger haben. Vielleicht würde ich ja noch einen [Senior] finden, der das ein bisschen besser macht.*

Sub rosa dictum – unter dem Siegel der Verschwiegenheit

Obwohl in der täglichen Praxis sensible Informationen häufig selbst dort ausgeplaudert werden, wo Geschwätzigkeit vor allem Schaden anrichtet, bleibt die Schweigepflicht und das Behüten eines Geheimnisses ein hohes Gut. Auch der Eid des Hippokrates beinhaltet die Selbstverpflichtung: »Was ich bei der Behandlung sehe oder höre oder auch außerhalb der Behandlung im Leben der Menschen, werde ich, soweit man es nicht ausplaudern darf, verschweigen und solches als ein Geheimnis betrachten.«

In Rom zur Zeit der Antike erinnerte der Gastgeber die Anwesenden an die Pflicht zur Verschwiegenheit, indem er bei Zusammenkünften eine Rose an die Decke hing. Die manchmal auch in Beichtstühlen geschnitzte Rose dient demselben Ziel: »*Sub rosa dictum*« – unter der Rose gesagt, das muss geheim bleiben. So verkörperte die Rose also nicht nur die Liebe, sondern eben auch die Verschwiegenheit. Die Rose als Symbol findet sich auch auf mittelalterlichen Haushaltsgebrauchsgegenständen wie Besteck, Krügen und Bechern. Ein Gast soll über die gesprochen Worte im Haus Stillschweigen wahren.

Berühmt ist die Hildesheimer Rose, eine Hundsrose auf dem Friedhof, an die Rückwand des Chors des Hildesheimer Doms angelehnt, die auf Silberbesteck zu erwerben ist. Die Symbolik dieser Rose geht über das Geheimnis hinaus. Die Hildesheimer Hundsrose (»rosa canina« im Sinne von »hundsgemein«, also wild wachsend und weit verbreitet) scheint mit ihren unterirdischen Sprossen in der Lage zu sein, neue Wurzeln und Triebe zu bilden. Da sie dabei ihre Erbanlagen nicht verändert, bleibt sie stets dieselbe Pflanze. Auch Familien oder Familienunternehmen bergen Geheimnisse und reichen diese weiter.

So wird beispielsweise das Marzipanrezept von Niederegger von Generation zu Generation als Geheimnis weitergereicht, angefangen mit dem 1777 in Ulm geborenen Konditor Johann Georg Niederegger in die achte Generation, aktuell aus den Händen von Holger Strait (geb. 1949) in die Hände der beiden Töchter Antonie und Theresa, die inzwischen mit aktiv sind in der Geschäftsführung. Ebenso schützt die Familie Weiß mit ihrer Brauerei Meckatzer Löwenbräu im Allgäu ihr Braurezept als gut gehütetes Geheimnis: Es ist nicht nur goldfarben, sondern eben auch Gold wert. Die »erste Allgäuer Biermarke«, 1905 beim Kaiserlichen Patentamt in Berlin eingetragen, trägt den Namen Weiss Gold. Die Meckatzer Löwenbrauerei steht in den nächsten Jahren im Übergang zur fünfter Generation. Das aktuellste Produkt ist das alkoholfreie Hefeweizen, es kam im März 2016 auf den Markt. Und im April 2016 zeigt der Geschäftsführer Michael Weiß, dass er kein Geheimnis um das »aufwendige Herstellungsverfahren [... aus ...] acht Spezialmalzen und fünf Aromahopfensorten« machen möchte, vielleicht um zu zeigen, wie führend die Meckatzer Qualität sei (E-Mail vom 26.4.2016). Auf jeden Fall demonstriert er, wie nachhaltig das Herstellungsverfahren umgesetzt wird.

So wie manches Geheimnis weiterlebt und unter dem Siegel der Verschwiegenheit und des Vertrauens seine Energie entfaltet, so ließ sich auch die Hildesheimer Rose nicht von Brandbomben im zweiten Weltkrieg vernichten, sondern lebt seit ca. 1.000 Jahren immer wieder neu auf. Schweigerose und Hundsrose sind m. E. ein faszinierendes Symbol für Familie und Familienunternehmen. Die Rose und die unter ihr gesprochenen und bewahrten sowie manchmal auch mit Absicht nicht bewahrten Geheimnisse symbolisieren den Dialog und das Vertrauen in die gewachsene Kommunikationskultur im Familienunternehmen.

Zwar hat die Hildesheimer Rose die Brandbomben überlebt, aber kein Nachfolger überlebt die Brandbomben des Vorgängers und kein Vorgänger legt Wert auf die Brandbomben möglicher Nachfolger. Da hilft dann auch nicht die öffentliche Aussage: Man habe sich einvernehmlich getrennt, wenn es ins-geheim darum ging, den Nachfolger versus Vorgänger in die Spur zu bringen oder auf Distanz zu halten.

1.3 Interviewgespräche: Vertrauen geben – Vertrauen zurückerhalten

Die Interviewgespräche mit den Unternehmerinnen und Unternehmern liefen natürlich nicht »unter der Rose«, sondern vor einem Mikrofon. Sie wurden aufgezeichnet und transkribiert, um sie hier zu veröffentlichen. In den folgenden Interviewauszügen äußerten sich die Befragten zu der Frage, wie sie zum Thema Geheimnis und Geheimniskrämerei stehen.

Frau Dr. Christine Sasse, Vorstand Personal bei der Dr. Sasse AG, Facility Management, und Ehefrau des Gründers, Dr. Eberhard Sasse, lenkt die Aufmerksamkeit auf die Geheimniskrämerei und drückt ihr Misstrauen gegen dieses Wort aus.

> **Christine Sasse:** *Verschwiegenheit ist ein ganz wichtiges Gut. Was ich überhaupt nicht mag, ist Geheimniskrämerei. Wenn Leute, um sich wichtig zu machen oder aus welchen Gründen auch immer, das gewissermaßen als Waffe einsetzen und irgendwie ein Spielchen damit treiben.*

Laura Sasse, Tochter und gemeinsam mit ihrer jüngeren Schwester Clara Sasse designierte Nachfolgerin des Gründers, führt weiter aus:

Laura Sasse: *Da geht es dann auch nicht um Respekt, sondern es wird genau zum Gegenteil.*

Christine Sasse: *Um sich wichtig zu machen. Aber das geschieht relativ oft und ist bei vielen Menschen verbreitet. In Unternehmen heißt es dann: Hast Du schon gehört ...? Solche Halbwahrheiten werden gerne gestreut, man tut so, als wäre es ein Geheimnis, aber man will eben doch, dass es sich verbreitet. Bei so etwas muss man aufpassen, dass es nicht überhandnimmt.*

Interviewer: *Verschwiegenheit, Geheimnis oder die Geheimniskrämerei. Dann wird es ja auch zum Handel, wenn man als Krämer unterwegs ist.*

Wolfgang Grupp von Trigema sagt dazu:

Wolfgang Grupp: *Vertrauen herstellen heißt: Ich bin sehr offen gegenüber meinen Mitarbeitern. Es gibt hier keinen verschlossenen Schrank, nicht einmal ein Schloss. Es ist alles offen, ich habe nichts zu verbergen, weil ich meinen Mitarbeitern vertraue. Ich gebe ihnen das Vertrauen als Erster. Und darum erhalte ich ja auch das Vertrauen zurück.*
[...] Weil wir auch nichts geheim halten. Sie sitzen hier und können mich ebenfalls alles fragen. Ob jemand mithört oder nicht: Das interessiert mich gar nicht. Das Vertrauen ist die Basis unserer Zusammenarbeit. Es wird von mir vorgegeben und ich kriege es automatisch zurück. [...] Also ich bin kein Geheimniskrämer. Wenn mir aber jemand etwas unter dem Siegel der Verschwiegenheit sagen möchte, und ich stimme dem zu, dann ist es auch an mir, verschwiegen zu bleiben. Da gibt es keine Diskussion. Aber ich habe keine Geheimnisse, bei mir ist alles offen.

Das Interviewgespräch fand im Großraumbüro der Verkaufsabteilung am Schreibtisch von Herrn Grupp im Kopfbereich des Raums statt. Hinter ihm die Gemälde von seiner Frau und ihm sowie von seinen Eltern. Die Mitarbeiter konnten das Gespräch mithören.

Francesca Rosenberger, Geschäftsführerin der Hotels Waldhof auf Herrenland in Mölln und Gabrielli in Venedig, erzählt:

> **Francesca Rosenberger:** *Ich bin keine Geheimniskrämerin, aber es gibt Dinge, die einem anvertraut werden oder die ich jemandem anvertrauen möchte, die dann bitte da bleiben sollen. [...] Wobei ich glaube, dass Gespräche und Offenheit genauso wichtige Punkte sind.*

1.4 Führung durch Vertrauen. Vom Trauern und sich Trauen zur Geistesgegenwart

Ein Vater sagte zu mir im Einzelgespräch über seinen unternehmerisch tätigen Sohn:

> *Ich kann meinen Sohn gut loslassen, versuche ihn lediglich an der langen Leine zu führen.*

Für den Widerspruch zwischen lange Leine und Loslassen war er nicht zugänglich. Selbstkritisch fügte er später an:

> *Vielleicht ziehe ich die Leine zu früh an!? Ich weiß natürlich, dass ich nur eingreifen darf, wenn es wirklich notwendig ist. Sicherlich möchte ich gerne lieber Gott sein!*

Auf der langen Leine beharrte er aber. Es ist wie mit den Hundeleinen: Entweder trainiere ich meinen Hund und mache jede Leine überflüssig oder ich kaufe eine Roll-Leine (s. Kap. 5) und habe immer die Kontrolle, kann aber auch nie loslassen und das Vertrauen in meinen Hund genießen.

Der Begriff Vertrauen beinhaltet sowohl das (sich) Trauen als auch das sehr ähnliche Wort des Traue-r-ns – wenn man sich erlaubt, ein »r« einzufügen. Ver-trauen verlangt sowohl (sich) zu trauen als auch zu trauern.

Wie in Abbildung 1 dargestellt, ist das Sich-Trauen in die Zukunft gerichtet, vorausschauend. Das Trauern wiederum ist rückblickend und in die Vergangenheit gerichtet. Wer Führungsverantwortung hat, reflektiert seine

Handlungsweise rückblickend und ist gefordert, die damit so gut wie immer entstehenden inneren verletzten, traurigen Seiten nicht zu bekämpfen, sondern zuzulassen und sie auszuhalten.

Anlässe für Trauer kann es im Alltag in abgeschwächter Form geben, aber ebenso in größerer Heftigkeit. Der Vater von Francesca Rosenberger, geschäftsführender Gesellschafter des in vierter Generation geführten Grandhotels Gabrielli in Venedig, traute sich nicht, seine mitten im Leben stehenden und in Norddeutschland lebenden Töchter direkt zu fragen, ob sie das Hotel in Venedig führen würden. Stattdessen überlegte er mit den anderen Gesellschaftern der Altgeneration, das Hotel zu verkaufen, und entsprechend trauerte er um das Hotel. Im allerletzten Moment gelang die Übergabe an die Töchter, dank deren beherzter Bereitschaft. Auslöser war seine halbherzige Mitteilung, dass sie das Hotel wohl verkaufen würden (s. Kap. 3).

Anders dagegen ist der Typ von Patriarch, der erwartet, dass alles nach seiner Pfeife tanzt. Er wird seltener damit konfrontiert, trauern zu müssen, spürt gewohnheitsgemäß zu wenig nach innen und erhält nie Feedback. Es trifft eine solche Führungspersönlichkeit dann aber vielleicht mit voller Wucht, wenn plötzlich – und gegen die Gewohnheit – Widerspruch gegen eine Handlungsweise aufkommt, wenn beispielsweise einem Mitglied der Managementrunde plötzlich die Hutschnur platzt und dieser freundlich, aber bestimmt seine Loyalität aufkündigt – vor dem Hintergrund einer Entscheidung, die dem Unternehmen gefährlich werden kann. Manchmal sind auch kleine Rückschritte erforderlich, wenn man beispielsweise in Management- bzw. Leitungsrunden Rangniederen, ungeliebten Konkurrenten oder sogenannten Nichtswissern und deren Lösungsvorschlag den Vortritt lassen muss. Im Zulassen der in diesem Zusammenhang auftretenden Gefühle liegt die Chance, persönlich und unternehmerisch voran zu kommen.

Klassischerweise zeigt sich das Trauern in den folgenden vier Phasen, wobei das Trauern manchmal fast unauffällig abläuft, manchmal aber auch an die Substanz gehen kann (vgl. Waibel 2010, 152 ff.):

- Schockphase
- Zwischen Kontrollverlust und Ringen um emotionale Kontrolle
- Rückzug und Neuorientierung
- Anpassung an die Wirklichkeit

Insbesondere die erste Phase, die Schockphase, dauert nur wenige Stunden bis Tage an. Die dritte Phase des Rückzugs und der Neuorientierung hingegen ist eine entscheidende längere Phase. Das Fühlen und Spüren des Körpers und der eigenen Gefühlsregungen ist die Voraussetzung, um überhaupt trauern zu können. In der Rückzugsphase zieht sich die betreffende Person dafür weitgehend von der Alltagsarbeit, aus dem operativen Geschäft zurück. Je größer ein Unternehmen ist, umso selbstverständlicher ist man abkömmlich und wird beispielsweise durch eine Managementrunde gut vertreten. Ein Rückschlag, eine Frustration, ein Verlust, und sei es das Vertrauen in die Handlungsweise eines Familienmitglieds, bindet unbewusst oder bewusst wahrgenommen wichtige Ressourcen, die im operativen Geschäft fehlen würden. Die Führungskraft ist deshalb während dieser Phase der inneren Auseinandersetzung, der Realisierung eines Verlustes, nur eingeschränkt in der Lage, zu führen.

Im Sich-Trauen, ermutigt durch Selbstvertrauen und Selbstsicherheit, traut die Führungspersönlichkeit eben nicht nur sich selbst, sondern auch den Menschen aus ihrer Umgebung. Die Führungspersönlichkeit ist dann wie der erfahrene Reiter vor dem Graben, der »sein Herz übers Hindernis wirft«, so dass sein Pferd beherzt hinterher springt (vgl. Schoen, 1996). Bei festem Glauben und Mut, sicher im Sattel sitzend, findet er Vertrauen zu sich und den eigenen Gefühlen und darüber vertraut ihm wiederum sein Pferd.

Der Gehalt von »Führung durch Vertrauen« – also von geistesgegenwärtigem Führen – lässt sich mit folgendem Satz formulieren: Fühlen was man tut, ohne einen Hauch zwischen trauern und sich trauen oder, in anderen Worten, »ohne einen Hauch zwischen Handeln und Denken«. Beide Haltungen – trauern und sich trauen bzw. Handeln und Denken – beziehen sich so unmittelbar aufeinander, dass kein Blatt Papier und eben kein Hauch dazwischen passt. Schon der Rand einer Medaille wäre zu viel Distanz für diese Wechselwirkung. Einseitig verhaftetes Handeln gefährdet die Verbindung zwischen Handlung und Denken. Wer im Trauern steckt, läuft Gefahr, sich befangen zu machen und braucht möglicherweise mehr Handlungsorientierung; wer sich stets und zweifelsfrei traut, steht in Gefahr, sich einem blinden Aktionismus zu unterwerfen und braucht mehr distanzierte Reflexion und Lageorientierung. Die Balance aus beidem stärkt die Fähigkeit zur Geistesgegenwart (vgl. Waibel, 2010, 149 ff.).

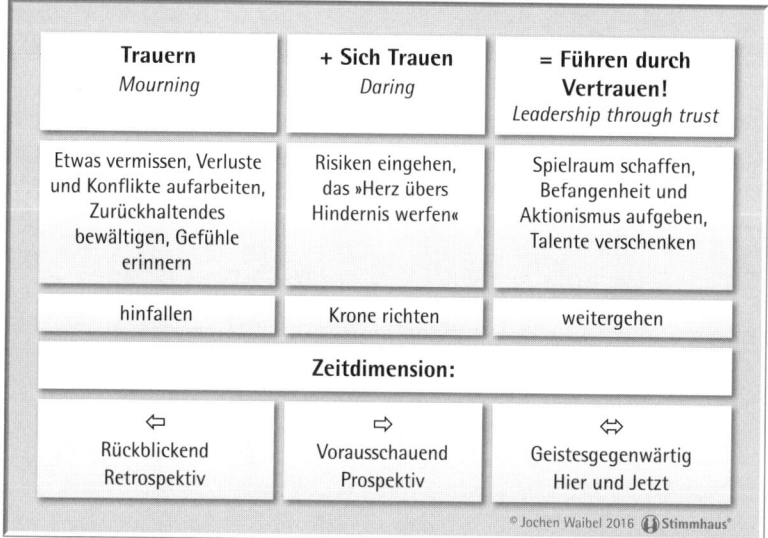

Abb. 1: Rückblickend und vorausschauend für geistesgegenwärtige Führung durch Vertrauen

Als Gründer, als Vorgänger braucht man statt einer Roll-Leine das Trauern darüber, dass die eigene Größe nach hinten gestellt werden muss, um dem Nachfolger Platz zu machen. Denn im Schatten der eigenen Größe kann kein Nachfolger wachsen. Es bedarf des Loslassens, um den Nachfolger wachsen und aus dem Schatten ans Licht zu lassen. Im Sich-Trauen wird das Eingehen des Risikos einer Postenneubesetzung möglich, das »Herz wird übers Hindernis geworfen«.

Durch das Überwinden von Befangenheit und blindem Aktionismus erzeugt das ausgewogene Wechselspiel zwischen »Trauern« und »Sich-Trauen« neuen Spielraum im Miteinander. Geistesgegenwärtig (Waibel 2000, 61) und ohne einen Hauch zwischen Trauern und Sich-Trauen führt die Unternehmer- und Führungspersönlichkeit für sich und zugleich für andere, für Mitarbeiter und für die potenziellen Nachfolger mutig eine Richtung an, wobei sie Einseitigkeiten erkennt und stetig ausbalanciert. Dabei ist sie in der Lage, die Dynamik aller Zeitdimensionen einzubeziehen: Rückblickend, vorausschauend sowie im »Hier und Jetzt« sichert sie ihren umfassend geistesgegenwärtigen Führungsanspruch. Die Führungspersönlichkeit wird in ihrer Geistesgegenwart zum Vorbild. Das gegenseitige Vertrauen zwischen einzelnen Familienmitgliedern oder zwischen Vorgänger und Nachfolger ermöglicht und erleichtert Loyalität sowie den familieninternen und unternehmensinternen Dialog.

2 Großväter und -mütter sowie Väter und Mütter als Vorbilder und »Portalfiguren«

Der Vater erstellt's, der Sohn erhält's, beim Enkel zerfällt's
Volksweisheit

In diesem Kapitel geht es um die Bedeutung von Alpha, Beta und Omega, Buchstaben des Alphabets, die zugleich das Miteinander im Familienunternehmen wiederspiegeln. Der Begriff der Portalfigur wiederum zeigt, dass jeder Mensch von der Auseinandersetzung mit den ersten Personen seines Lebens geprägt wird und daran wächst. Dies leitet über zum Vorbild von Eltern und die besonders hohe Bedeutung von Großeltern als – unternehmerische – Vorbilder.

2.1 Alpha erstellt's, Beta erhält's und Omega zerschellt's

Die Großväter sind für viele Unternehmer von großer Bedeutung. Auch mein Opa war mein erstes unternehmerisch denkendes Vorbild.

Der Historiker Michael Schäfer (2007), ausgezeichnet von der Gesellschaft für Unternehmensgeschichte mit dem Preis für Unternehmensgeschichte, zeigt auf, dass im Fall des Ausscheidens von Seniorchefs – sei es durch Tod oder Krankheit – sehr häufig deren Ehefrauen bzw. Witwen die Nachfolge übernahmen. Dazu kam es vor allem, wenn ein geeigneter Nachfolger fehlte, weil die Kinder noch zu jung oder nicht bereit für die Nachfolge waren bzw., vor allem im 19. Jahrhundert, nicht akzeptiert wurden, weil sie weiblichen Geschlechts waren.

Diese Ehefrauen bzw. Witwen handelten dann sozusagen als Platzhalterinnen, um letztendlich die »Kontinuität im Mannesstamm« wieder herzustellen.

Dies zeigt sich ganz besonders bei der Meckatzer Löwenbräu Benedikt Weiß KG im Allgäu. 1853 erwarben Lena und Gebhard Weiss die insolvente Landbrauerei, der Brauer Gebhard Weiss starb allerdings früh mit 49 Jahren. Die Witwe Lena Weiss verkaufte nicht, sondern brachte die Brauerei als alleinerziehende Mutter von sechs Kindern durch alle Wirren, bis der älteste Sohn Benedikt die Verantwortung übernahm – er ist bis heute im Namen der KG verewigt. Heute steht die Brauerei mit Michael Weiß in der vierten Familiengeneration, die fünfte Generation wird in den nächsten Jahren nachfolgen. 2003, anlässlich des 150-jährigen Familienjubiläums, wurde zu Ehren der Ahnenfrau die Lena-Weiss-Initiative zur Unterstützung von sozialen und gesellschaftlichen Projekten gegründet.

Möglicherweise haben Sie sich die Frage gestellt, was die Kapitelüberschrift »Alpha erstellt's, Beta erhält's und Omega zerschellt's« bedeuten mag? Nun – sie ist meine Art, die am Kapitelanfang zitierte Volksweisheit auszudrücken.

Alpha als der erste Buchstabe steht für den Anfang, gefolgt von Beta, dem zweiten Buchstaben. Er steht für die Weiterentwicklung. Gemeinsam bilden beide Bezeichnungen das Wort Alpha-bet. Das Alphabet ermöglicht uns die Sprache und damit einen wesentlichen Moment an Kommunikation und Dialog. Das gelingt selbstverständlich einmal besser, einmal weniger flüssig. Sprache will gelernt und geübt sein für die tägliche Routine der sprachlichen Kommunikation im Familienunternehmen.

Hinzu kommt Omega als der letzte Buchstabe im Alphabet, er symbolisiert das Ende. Alpha und Omega, das A und O, bedeuten so viel wie der Anfang und das Ende, bedeuten alles oder auch Gott. Omega als der letzte Buchstabe mag im Familienunternehmen den aktuell letzten unter den bisherigen Nachfolgern symbolisieren, den aktuellen Geschäftsführer, Patriarchen oder Unternehmensverkäufer. Omega symbolisiert aber manchmal auch einen Schicksalsschlag, eine Fehlkalkulation, die einem Unternehmen das Genick bricht, oder eben einen massiven Konflikt, aufgrund dessen es einfach darum gehen muss, gemeinsam an einen Tisch zu kommen. Manchmal vielleicht bedeutet Omega auch die dritte Generation, die alles wieder eingerissen hat: »Der Vater erstellt's, der Sohn erhält's, beim Enkel zerfällt's«, sagt der Volksmund.

Auch ich schreibe ja aus der Perspektive des Enkels, allerdings stehe ich nicht in der Firmenlinie bzw. Erbfolge. Ich habe so meine gesunde Distanz bewahrt, fühle mich emotional allein dem Gründer, also meinem Opa und mit ihm meiner Oma, verpflichtet und habe aus dieser Distanz heraus ja auch mein eigenes Unternehmen gegründet. Dabei ist es klar, dass jeder Enkel anders auf seine Großelterngeneration schauen wird, erst recht, wenn das Unternehmen nicht von der Großelternseite gegründet wurde, sondern die Gründung noch länger zurückliegt. Andererseits:

Wenn ein Familienunternehmen nicht weiter existiert, wird dieser Schuh gerne den Enkeln zugeschoben. Das mag seine Berechtigung haben, aber womöglich lenkt es nur von einem wesentlicheren Moment ab. Manche Enkel entscheiden sich bewusst und aus guten Gründen gegen die Nachfolge im Familienunternehmen, wollen sich den Schuh nicht anziehen. »... beim Enkel zerfällt's?« Nach den vielen Gesprächen im beruflichen Alltag und im Rahmen der Erarbeitung dieses Buches habe ich eine andere Wahrnehmung gewonnen. Statt den Fokus auf die Enkel zu lenken, und mit Enkel meine ich die aktuellen potenziellen Nachfolger, möchte ich auch den Fokus auf die aktuellen Inhaber lenken, deren Pflicht und Herausforderung die Vorbereitung der Nachfolge ist. Viele schaffen das sehr gut, gerade die, die zu Gesprächen mit mir bereit waren. Andere schaffen und wollen es gar nicht. Hier kommt dann auch kein Interviewgespräch zustande. Deshalb ist für mich dieser Satz stimmiger als die zitierte Volksweisheit: »Alpha erstellt's, Beta erhält's und Omega zerschellt's«. Omega kann dabei sowohl der Enkel als auch der Vorgänger, der Patriarch sein, der nicht loslassen kann, der sich verplant hat oder sich einfach verkalkuliert.

2.2 Die Portalfiguren des Lebens

Eltern oder Großeltern sind so etwas wie »Portalfiguren«. Das Wort stammt aus der Erzählung von Peter Weiss, Abschied von den Eltern (1962, 7). Gleich am Anfang, im zweiten Satz der Erzählung, steht: »Ich habe oft versucht, mich mit der Gestalt meiner Mutter und der Gestalt meines Vaters auseinanderzusetzen, peilend zwischen Aufruhr und Unterwerfung. Nie habe ich das Wesen dieser beiden Portalfiguren meines Lebens fassen und deuten können.«

Noah Gordon erzählt in seinem Entwicklungsroman »Der Medicus«, dem ersten Teil einer Trilogie, den Beginn der Medizinerdynastie der Familie Cole und hier insbesondere die Entwicklungsgeschichte des englischen Jungen Rob Cole, der seine Mutter durch die Seitenkrankheit verliert, der damals unheilbaren Blinddarmentzündung. Dabei hat der Junge eine Ahnung, dass seine Mutter vielleicht doch zu retten gewesen wäre. Nach dem Tod seiner Mutter kommt Rob bei einem Quacksalber unter, einem Bader, der seine selbstgewählte Portalsfigur ist und ihn aufgrund der Hartnäckigkeit des Jungen unfreiwillig annimmt – heute würden wir von adoptieren sprechen – und zu einem guten Vater wird. Der junge Mann übertrifft seinen Wahl-vater und wird letztendlich sein Nachfolger, will dann aber mehr, nämlich ein richtiger Arzt werden. Das ist eine kleine Geschichte darüber, wie Nach-folge unverhofft entstehen kann – durch das Zulassen einer Begegnung und dem Folgen der eigenen Berufung.

Jahre später, nach dem Tod des alten Baders, beginnt der junge Quacksal-ber seine Reise nach Persien in die Stadt Isfahan, weil er sich vom Bader zum Arzt weiterqualifizieren möchte. Isfahan war das damalige medizinische Zentrum der Welt. So setzt er seine Laufbahn als Mediziner der zweiten Generation fort.

Albert Darboven, der heute achtzigjährige Patriarch von J. J. Darboven, im Jubiläumsjahr 2016 mit achtzig Jahren um die eigene Nachfolgerege-lung ringend, erfuhr aus dem Munde seines Großonkels Arthur Darboven als zwölfjähriger Albert Hopusch, also ungefähr im Alter unseres Helden Rob Cole, dass er der Nachfolger seines Großonkels werde, als der er dann 1960 tatsächlich antrat. Welche Planungssicherheit. Mit 17 Jahren wurde Albert Hopusch von Arthur Darboven adoptiert, nachdem sein leiblicher Vater gestorben war, und Albert Darboven gab seinem Sohn später auch den Namen Arthur. Endgültig loslassen und abgeben wollte er zwar, konnte es aber letztendlich nie – keine Planungssicherheit für den Enkel bzw. in unserem Fall für den Großneffen. Eine andere und doch ähnliche Geschichte.

Darbovens Sohn Arthur entwickelt sich letztendlich wie der Junge im Medi-cus offensiv weiter, wirkt erst im Geschäft des Vaters, bricht dann aber zu neuen Ufern auf, erfolgreich im eigenen Unternehmen im Handel mit Rohkaffee, mit über 50 Jahren nicht mehr die Nachfolge des Vaters erzwingen könnend, wenn auch wollend und noch nicht aufgebend (s. Kap. 4).

Der Unterschied ist allerdings, dass die Geschichte von Rob Cole für eine gelungene Nachfolge vom Bader-Betrieb zur Medizinerdynastie steht. Der Bader war Alpha, Rob Cole Beta. Letztendlich ist es ein Musterbeispiel eines Familienunternehmens. Bei den Darbovens wird der Junior Arthur Darboven zum neuen Gründer und – wenn es keine Wende gibt in den kommenden Jahren – eben nicht der Nachfolger im väterlichen Unternehmen. Dann steht der Senior als Omega, der das Familienunternehmen in eine Stiftung umwandelte, neben dem Junior als Unternehmer eines anderen, eines Nicht-Familienunternehmens. Es lohnt sich hinzuschauen, in welche Richtung sich das erfolgreiche Unternehmen J. J. Darboven entwickeln wird: Stiftung, Verkauf und möglicherweise Zerschlagung oder weiterhin Familienunternehmen?

»Mit Lust bey den Geschäften« – Miteinander Hand in Hand
Auf Johann Siegmund Mann jr. (1797–1863), Begründer des Lübecker Zweigs der Familie Mann und Sohn des gleichnamigen Rostocker Kaufmanns und Gründers der Joh. Siegm. Mann, Commissions- und Speditionsgeschäfte, soll der Wahlspruch der Kaufleute basieren:»Mein Sohn, sey mit Lust bey den Geschäften am Tage, aber mache nur solche, daß wir bey Nacht ruhig schlafen können.«

Der Enkel Thomas Mann nahm ihn als Vorbild für die Figur des Konsul Johann (Jean) Buddenbrook im Roman Buddenbrooks (1901).

Bei der Brauerei Zötler, im Herzen des Allgäus gelegen und älteste Familienbrauerei der Welt, ist die Portalfigur des Juniors – 21. Unternehmergeneration – eindeutig der positiv besetze Vater, mit dem er sich in überzeugend wirkender Teamarbeit Hand in Hand den Ball zuspielt, wie es das Interview insgesamt wiederspiegelt.

Interviewer an den Junior Niklas Zötler: *Welchen Wunsch würden Sie gegenüber Ihrem Vorgänger, also Ihrem Vater, formulieren wollen?*

Niklas Zötler: *Dass er mich noch lange unterstützt. (Lachen)*
Wir sind wirklich ein gutes Team, wir arbeiten richtig gern und gut miteinander. Wir haben eine sehr angenehme Art, wie wir auch mit Problemen umgehen, wie wir diskutieren miteinander, sind auch privat sehr gut befreundet. Mein Vater hat den großen Vorteil, dass er mich sehr gut annehmen kann, mich und meine Meinung, und mich gut machen lassen kann. Ich habe nie das Gefühl, dass ich der Junior bin, der wartet, dass der Vater aus dem Unternehmen aussteigt, dass er mal richtig loslegen kann. Das Gefühl habe ich nie. Er hat einen sehr guten Führungsstil. Insofern weiß ich auch, dass es bei uns in der Übergabe keine Probleme geben wird. Ich wünsche mir jetzt nicht, dass ich möglichst schnell dran komme. Ich bin froh um die Zeit, die ich nutzen kann, um von ihm zu lernen und auch Stück für Stück in die Verantwortung zu wachsen und nicht ins kalte Wasser geschmissen zu werden.
Herbert Zötler: *Schön zu hören, gell! (Lachen)*
Ich hätte jetzt auch gesagt: Wenn wir so weitermachen und so umgehen miteinander, wie wir das bisher gemacht haben, dann glaube ich, dass wir vieles richtig machen.

Die Portalsfigur von Michael Weiß, Geschäftsführer der Meckatzer Löwenbräu, einer weiteren Allgäuer Brauerei, gelegen im Westallgäu, ist wiederum der Vater, an dem er sich anfangs abarbeiten musste, später konnte er ihn wertschätzen. Grundsätzlich wertschätzend und respektvoll spricht er von seinem Großvater, in dessen gegenüber der Brauerei gelegene Jugendstilvilla er vor Jahren gezogen ist, anstatt in das vom Vater gebaute Haus am Ortsrand.

Michael Weiß: *Das Miteinander ist ein ganz wichtiger Wert. So wie ich das von meinem Großvater auch immer schon mal gehört hab. Wie gesagt, leider habe ich ihn nicht kennen gelernt. [...]*
Was ist denn jetzt die Tradition, auf die du dich berufst? Worin zeigt sich das? Ja, wir sind schon so und so alt! Und worin zeigt sich jetzt Moderne? Ah, wir haben dreierlei Biermischgetränke, haben alkoholfreies Bier und machen das und jenes. Da muss ich sagen: Das ist wirklich sehr flach-

wurzlerisch. Und wenn ich jetzt sehe, wie wir uns auf die Tradition besinnen ...?

Bei dem, was ich hier gemacht habe, schaute ich immer 'rüber auf das Haus, das der Großvater gebaut hat. Auf das Niveau der damaligen Zeit: mit Jugendstil angehaucht, die Details, auf die er Wert gelegt hat. Er hat den Türgriff der Kellertür aus Bronze gegossen mit einem kleinen Löwen am Ende. Und angesichts der Details am großväterlichen Haus habe ich mich gefragt: Mach' ich meine Sache einfach oder mach ich sie sehr gut? Im Zweifelsfall hat mich das dann auch geprägt. Meine innere Prägung hat stattgefunden, ohne dass ich das rational begreife. Allein indem ich hier groß geworden bin, das alles erlebt habe und aus Erzählungen kenne: Großvater, Vater. Insofern führe ich die Tradition jetzt fort, eigentlich im Sinne der Vorväter. Und wenn ich jetzt über Moderne spreche, dann trag ich das auch in mir.

Bereits Herbert Zötler Senior, der verstorben ist – nicht der jetzige Herbert [Herbert Zötler, derzeitiger Geschäftsführers der Brauerei Zötler], mit dem ich ja gleich alt bin – sagte, sein Vater habe schon erzählt, dass er von seinem Vater wusste: Wenn man zum Kommerzienrat Benedikt fährt [Benedikt Weiß, Namensgeber der »Meckatzer Löwenbräu Benedikt Weiß KG«, der 1905 die Marke Weiss Gold beim kaiserlichen Patentamt in Berlin anmelden ließ], mein Großvater war irgendwann einmal Kommerzienrat, das ist immer etwas Besonderes. Also der gute Ruf innerhalb der Branche, der ist schon über hundert Jahre alt. Und wir waren offensichtlich immer so eine Art Vorzeigebetrieb: »So wie die in Meckatz!« Das führt aber auch zu Neid, manchmal auch zu Missgunst: »Hör mir auf, die glauben, sie sind die einzigen, die's können ...« Nein, das glauben wir nicht. Aber manchmal werden wir so gesehen.

Sich um das Unternehmen kümmern

Wolfgang Grupp, Trigema, kennt seine Portalsfiguren und schaut auch kritisch auf seine Vorbilder:

Wolfgang Grupp: *Also für mich ist mein Großvater ein großes Vorbild als Unternehmer gewesen und alle Unternehmer wie Oetker oder Würth sind für mich tolle Vorbilder. Sie haben ein Familienunternehmen geprägt, das weltweit läuft. Das sind für mich Riesenvorbilder, die ihr Werk über hundert Jahre von Generation zu Generation weitergaben. Oder Quandt* *und so weiter. Schon als kleiner Junge habe ich das bewundert. Wenn die tollen Unternehmer daherkamen im 300-er Mercedes, beispielsweise Uhu Fischer [Apotheker August Fischer, er erfand den ersten Kunstharzkleber]. Dann war der Unternehmer für mich toll, er hat eine tolle Marke, ein tolles Unternehmen. Immer die Unternehmer waren meine Vorbilder. Und ich sage: Wenn's einer nieder macht, dann bitte nicht ein Fremder, sondern die eigenen Kinder. Dazu haben sie das Recht. Aber sie müssen die Verantwortung kriegen. Deshalb sage ich, eine 21. Generation [Zötler Brauerei] ist natürlich heute eine Seltenheit. Aber es ist für mich normal. Verstehen Sie. Und dass die Kinder ... ich sag mal, dann auch verpflichtet sind, die Augen aufzumachen und zu sehen: Das hat mein Großvater so gemacht, dann hat's mein Vater so gemacht und wir müssen den Wandel der Zeit erkennen und müssen es jetzt so machen.*

Interviewer: *Welchen Wunsch hätten Sie gerne gegenüber Ihrem Vorgänger, also Ihrem Vater, formuliert, damals, als Sie selbst Junior waren?*
Wolfgang Grupp: Dass er sich damals mehr ums Unternehmen gekümmert hätte und es nicht von Angestellten hätte leiten lassen und er im Prinzip immer nur dem (kurze Pause), heute würde ich es Größenwahn nennen, dem Größenwahn folgte: immer mehr. Man brauchte Firmen und hat Firmen gegründet, die nur Verlust gemacht haben. Man kann nur einem Herren dienen, einer Sache und das richtig. Mein Vater hätte bei dem bleiben müssen, was sein Schwiegervater gegründet hat und das machen sollen. Denn wir haben Diversifikation betrieben, die Millionen gekostet hat. Ich musste ja dann die Firma übernehmen und zehn Millionen Bankschulden waren hier, alles Schuldverschreibungen. Ich hab die dann nach sieben Jahren alle zurückbezahlt und seit der Zeit, seit 1975, nie mehr mit einer Bank über einen Kredit gesprochen.
Von meinem Vater hätte ich mir gewünscht, dass er sich mehr um das Unternehmen gekümmert hätte und nicht nur nach dem Motto gelebt hätte: Ich bin Unternehmer, ich lasse das machen. Nein, man muss es selber machen.

»Vater und Sohn sind doch gelegentlich sehr verschieden«

August Oetker konnte sich beispielsweise nicht gegen die passiv-bremsende Aufklärungsrolle des Vaters durchsetzen, als er die Rolle des Unternehmens im Nationalsozialismus untersuchen wollte. »Er hat gesagt: Kinder, lasst mich damit in Ruhe!« (Zeit, Nr. 43, 2013). Nach dessen Tod 2007 beauftragte er 2008 die Studie zur Aufklärung der Rolle der Dr. Oetker AG im Nationalsozialismus. Seinen Großvater Rudolf Oetker dagegen, der 1916 verstarb, hätte er sehr gerne kennengelernt._

August Oetker: *Mein Vater ist 90 Jahre alt geworden, er ist 2007 gestorben [...] den habe ich natürlich intensiv und lange erlebt. Und über die ganze Zeit war er irgendwie mein Chef. Auch zuhause. Es gibt schon Methoden, sich dem Chef zu entziehen. Eigentlich sollte ich das oder jenes machen, meinte er. »Aber warum machst Du das nicht?« Und dann ging es darum, dass man etwas wegtragen oder holen sollte, eine Zeitung oder sonst etwas. Also: Man hat gelernt, damit umzugehen und zu wissen, es gibt wahrscheinlich irgendwo jemanden über einem. Und das kann man sich auch nicht aussuchen, wer wird das wohl sein?*
Die innere Verbindung ist doch irgendwie da, von vorne herein. Und selbst wenn man sich dann gegenübersteht bleibt ein Grundvertrauen [zum Vater]. Etwas, was man auch mit anderen Menschen aufbauen kann, gerade wenn man früh im Leben anfängt
[...] Mein direkter Chef war nicht mein Vater, darüber war ich auch heilfroh. Nicht nur mein Chef war jemand anders, sondern ich befand mich auch ganz weit weg. Das war in New York, das war in London und ich wollte absolut nicht alles das, was ich falsch machen würde, was erwartbar war, ausgerechnet vor den Augen meines Vaters absolvieren.
Der sowieso von mir in der Schule zu Recht nicht viel hielt. Und deswegen besonders scharf hinguckte. Nein, das wollte ich woanders machen. Hab ich woanders gemacht, natürlich hatte ich auch da Schiss. Aber zu dem [Vorgesetzten] bestand eine andere Beziehung [als zum Vater]. Da konnte man sagen: Na, Gott, ja.
Vater und Sohn sind doch gelegentlich sehr verschieden. Insofern, den Versuch zu unternehmen, den Vater zu imitieren, geht schief. Man muss schon seine eigene Rolle finden und seine eigene Art und Weise. Man muss man selbst sein. Sobald man versucht, irgendjemand anders zu sein, ist es eben mit der Authentizität dahin. Und es wird bemerkt und außerdem kann man es gar nicht aushalten und durchhalten. Also kann man sagen: Gibt es vielleicht einige Eigenschaften, die der Vater hat und von denen man sieht, dass sie wirken. Das kann man tun.

Das ist zum Beispiel die Frage des Umgangs miteinander: Sind wir auf einer Ebene, muss ich betonen, dass ich der Chef bin, muss ich das rauskehren irgendwo? Vielleicht manchmal ja. Aber muss ich das die ganze Zeit vor mir hertragen? Nein! Also, das konnte man schon sehen. Den Umgang miteinander.

Man hat natürlich den Vater betrachtet und hat geschaut, wie macht er was. Er suchte die Nähe zu den Menschen. Nicht auf eine plumpe Art und Weise, nicht mit Kumpanei, nicht auf dem Betriebsfest gemeinsam unterm Tisch liegen. Obwohl er später einmal zugegeben hat, ganz viel später hat er das zugegeben, dass es ganz viel früher doch einmal passiert wäre. Allerdings war er dann nicht Chef. Wie ihm überhaupt spät in seinem Leben Dinge einfielen, von denen er früher gesagt hat, dass sie nie so waren. Andererseits haben sich so viele Geschichten um ihn gerankt. Aber, auch die beschreiben jemanden, der lange geführt hat. Und da kann man sehr gut hinhören, was überhaupt hilft: hinzuhören. Sowohl denjenigen zuzuhören, die man für mächtig hält, als auch denen zuzuhören, die einen beeindrucken, obwohl sie einen nicht führen. [...] Führen Sie mal ein Bewerbungsgespräch und sagen Sie: Bei uns ist es schön. (Lachen) Und übrigens brauchst Du gar kein Geld. Das habe ich auch gehört von meinem Vater. Der hat immer gesagt: Wofür brauchst Du eigentlich Geld, Du sollst doch arbeiten. (Lachen)

Er hat dann auch lauthals am Ende einer Planungssitzung [betont], also nachdem man sich wirklich angestrengt hat und gesagt hat: Ach, jetzt kommen die Weihnachtsferien: Ferien? Wofür braucht Ihr Ferien? In den Ferien könnt Ihr doch nur Geld ausgeben und keines verdienen. (Lachen) Oder auch umgekehrt ausgedrückt: Ihr könnt die Ferien übrigens auch zurückgeben. Die muss man nicht nehmen, die kann man auch zurückgeben. Und das sind, sagen wir mal, entweder lustige Sprüche oder Attitüden oder sogar Überzeugungen aus einer ganz anderen Zeit. Wir hatten ja vom Patriarchen gesprochen, dessen Führung angesprochen, und die Veränderung der Ansprüche für jemanden, der Führungsaufgaben übernimmt.

Die werden sich noch ganz erheblich weiter verändern. Wer das nicht mitkriegt und eine Generation hinterher ist in seiner Art und Weise zu führen, der scheitert.

2.3 Brief an meine Gründer-Großeltern, meine ersten unternehmerischen Vorbilder

Am Anfang starten Gründer irgendwie, meist ohne Kapital und ohne Existenzgründungsseminar. So habe ich meine kleine Firma gegründet, mit der meiner Großeltern vergleichbar. Meine Perspektive ist die des Gründerenkels, der den Großeltern am nächsten stand und der ihn, den Opa, viel begleitet hat in seinen letzten beiden Lebensjahrzehnten. Obwohl ich nicht in der Erblinie stand, wurde ich mit dem typischen Denken einer Unternehmerfamilie schon als Kind konfrontiert und für die Herausforderungen bezüglich Arbeitsmentalität, Mitarbeiterführung und Vorbildfunktion sensibilisiert. Nicht nur als Kind meiner Eltern, sondern vor allem im Kontakt mit dem Gründerpaar lernte ich früh: Engagiere dich jederzeit, mit und ohne Feierabend und arrangiere Dich damit, dass die Firma immer an erster Stelle steht. Das ist wohl ein Grund, warum manche keine Nachfolge antreten wollen, gerade dann, wenn auch ohne Engagement und Verantwortung, beispielsweise für Arbeitsplätze, ein gewisses Vermögen zu erlangen ist oder eine ganz eigene Vision völlig neue Möglichkeiten bietet.

Meine Eltern waren meine Portalsfiguren, nicht besser und nicht schlechter, aber sicher ganz anders als meine Großeltern. Diese wurde im Laufe meines beruflichen Werdegangs meine Vorbilder, was mir zunehmend bewusst wurde.

Meine Großeltern standen mir emotional sehr nahe. Ich möchte sie an dieser Stelle ehren und ihnen gegenüber meinen Respekt ausdrücken in Form dieses Briefes:

Liebe Oma und lieber Opa,

früh habt Ihr mir Respekt gezollt, habt mir Aufgaben gegeben. Du, Opa, warst der Vollblut-Unternehmer in unserer Familie. Schon als kleiner Junge habe ich viel von Dir gelernt. Du warst stolz auf mich: auf meinen Fleiß, auf meine Freude, mit Dir was zu machen. Und Du warst schließlich mein einziger Opa, mein anderer Opa war früh gestorben.
Ich habe bis heute etwas von Deinem Werkzeug, das früher in Deinem Kofferraum lag. Darüber spüre ich auch die Nähe zu Dir. Und zuhause

hängt bei uns Euer Essensgong. Das Geschäft gehörte offiziell Opa, aber faktisch war es Euer gemeinsames, kurz nach Eurer Heirat Mitte der Dreißigerjahre des 20. Jahrhunderts gegründet, vor dem zweiten Weltkrieg. Jeder hatte seinen Bereich, Arbeit hattet Ihr viel, zu viel, denn es ging letztendlich immer ums Geschäft. Ich gehörte dazu, ich war der Enkel. Nachdem Du die Firma Deiner Nachfolgerin mit 70 Jahren endgültig überschrieben hattest, war Dir das Werkzeug im Kofferraum wichtig. Es gab Dir das Gefühl, dass Du jederzeit wieder loslegen könntest. Dir fiel das sehr schwer, das Geschäft loszulassen, Opa, ebenso schwer wie vielen Patriarchen und ehemaligen Gründern heutzutage. Du, Oma, warst da freier, als Patriarchin führtest Du das Haus und wurdest auch für die nach mir geborenen Enkel gebraucht.

Ihr hattet unglaublich viele VW-Pritschenwagen und Transporter auf dem Firmenhof stehen. Und immer wenn ich ins Geschäft kam, ging ich durch die Ladentür und habe von weitem Richtung Büro gerufen:»Ich bin's!« Dann wusstest Du, Oma, wer kam und konntest am Schreibtisch sitzen bleiben. Mit diesem Ruf war klar, dass jemand aus der Familie kommt und kein Kunde. Oma, Dein Reich war das große Büro. Neben Dir stand ein großes schwarzes Telefon mit Wählscheibe. Einfach klasse. Ich war immer stolz auf Dein Büro, Oma. Heute habe ich Deine Walther Kurbelrechenmaschine bei mir in der Firma, eine Maschine aus Eisen mit vielen Zahnrädern aus unverwüstlichem Messingguss, ein Vorläufer des Taschenrechners, knappe fünf Kilogramm schwer. Sie funktioniert bis heute, steht auf meinem Schreibtisch im Stimmhaus. Fast jeder spielt mal damit und dreht an den Zahlen. Eine bemerkenswerte Mechanik.

Eure frühe Anerkennung hat mir Mut gemacht und natürlich Euer zupackendes Vorbild. Heute habe ich meine eigene Firma, viel kleiner, ganz anders. Vermutlich würdet Ihr gar nicht verstehen, was ich so mache: Beratung, Coaching, Konfliktmanagement und Mediation, Ausbildung, Bücher schreiben. Es hat sich viel verändert in der Unternehmenswelt seit der Gründung Eurer Firma vor ca. 80 Jahren.

Opa, Du warst immer besonders stolz auf mich. Und weißt Du, warum ich noch heute stolz auf Dich, meinen Opa, bin? Weil Du eine Respektperson warst. Du warst der Patriarch, aber Du warst eben auch der geliebte Chef. Deine Arbeiter haben Dich sehr geachtet, sie haben alles für Dich und die Firma gegeben. Ein Leben lang warst Du immer mitten dabei. Über Dich wird bis heute sehr positiv gesprochen. Du kamst selber aus einfachen Verhältnissen und bist zielstrebig Deinen Weg gegangen, immer zufrieden. Nur der Krieg war eine Unterbrechung. Dein erster Lieferwagen wurde damals beschlagnahmt von der französischen Besatzungsmacht. Als Du zurückkamst aus der Gefangenschaft in den USA sagtest Du, Oma: »Das Auto ist übrigens weg!« So hat es mir meine Mama, Eure älteste Tochter erzählt. Das war natürlich ein Rückschlag in der Familienfirmengeschichte. Es war Euer Transportmittel. Dabei hattet Ihr im Krieg Glück gehabt. Du, Opa, kamst in Frankreich in Gefangenschaft und wurdest nach Fort Knox, Kentucky, gebracht. Dort ging es euch gut. Du warst der patente Deutsche. Die Amerikaner, wie es immer hieß, wollten, dass Du da bleibst und in den Staaten eine Firma mit Ihnen aufmachst. Doch Du hattest schon Deine Firma, warst sehr bodenständig, wolltest zurück in Deine Heimat, zu Frau und Kind, in den Ort, in dem du geboren bist und in dem Du später starbst. Das ist auch meine Verwurzelung.

Wenn wir heute mit den Enkeln, Euren Urenkeln, in der Heimat sind, wohnen wir bei Oma, Eurer Tochter. Sie wohnt in dem Haus, das Du für Euch gebaut hast und wo Du gestorben bist. Da seid Ihr bis heute präsent.

Ihr wart auch so erfolgreich, weil Ihr einen Teil der Arbeit an ein technisches Büro in Hamburg delegiert habt. Phänomenal! Auf diese Idee musste man erst einmal kommen! Hamburg?! Das war weit weg damals. Vermutlich wurde Euch diese Dienstleistung empfohlen oder Ihr seid auf einer Industriemesse über diese Hamburger Firma gestolpert. Selber wart Ihr nie in dieser Stadt, denn Reisen fanden kaum statt. Die Delegation der Pläne an das Technikbüro war vermutlich die zentrale unternehmerische Idee. Einfach, aber genial. Das hat Zeit gespart und einen Vorsprung verschafft gegenüber der Konkurrenz. Ihr konntet dadurch Eure Energie in das Arbeitsfeld stecken, in dem Ihr am besten wart. Heute lebe ich als Euer zweiter Enkel schon über ein Vierteljahrhundert in Hamburg. Herzliche Grüße in den Himmel, liebe Oma und lieber Opa, Ihr seid meine ersten unternehmerisch denkenden Vorbilder gewesen!

Euer Enkel J.

3   Die Familie als Mittel•Punkt im Unternehmenszusammenhang

In diesem Kapitel geht es um die Familie, die im Mittelpunkt steht, sowie um das Familienunternehmen: Es wird geklärt, was ein Unternehmen zum Familienunternehmen macht, welches die wesentlichen Merkmale eine Familienunternehmens sind und ob diese zudem die besseren Unternehmen sind. Es gibt auch Pseudo-Familienunternehmen. Und schließlich geht es um Unterschiede und Gemeinsamkeiten von Familien, Familienunternehmen und Unternehmen sowie um deren systemische Gesetzlichkeiten.

Das Familienunternehmen ist, nüchtern betrachtet, ein eigenartiges Konstrukt. Man könnte auch sagen, hier steht etwas auf dem Kopf. Die Familie steht Kopf, denn sie ist in erster Linie kein Unternehmen. Das Unternehmen steht Kopf, denn es ist in erster Linie keine Familie. Und doch ist das Familienunternehmen etwas überaus Selbstverständliches. Die Besonderheit dieser Vermischung von privater Fürsorge und unternehmerischer Wertschöpfung wird auf sehr ästhetische, grazile und gekonnte Art und Weise durch die Haltung des Kopfstandes ausgedrückt. Er ist meine Lieblingshaltung. Machen Sie also gerne auch den Kopfstand, damit stattdessen weder Ihre Familie noch Ihr Familienunternehmen Kopf steht.

3.1   Was ist Familie?

Das Wortfeld der Familie umfasst ein sehr unterschiedliches Bedeutungsspektrum:

Angehörige, Anhang, Verwandtschaft, Bagage, Sippschaft, Clan, Sippe, Blase, Mischpoke, Geschlecht, Haus, Stamm, Dynastie (nach Duden) bis hin zur Patchworkfamilie. Diese Begriffe liegen zwischen sachlich, scherzhaft-ironisch und abwertend. Wertschätzend ist womöglich am ehesten der sachliche Begriff »Familie«. Das bestimmt natürlich zuletzt der Ton, in dem das Wort ausgedrückt wird. Der Ton bestimmt die Musik, er stimmt oder er verstimmt. Sehr wichtig, wenn es um Familie geht, denn da gibt es Befindlichkeiten.

Die Familie steht im Mittel•Punkt der Gesellschaft und des privaten Lebens und ist Mittel zum Zweck, sie steht immer im Zentrum. Lenken wir unsere Aufmerksamkeit auf die Familie, so ist leicht erkennbar, dass dieses System mit seinen komplexen Herausforderungen eine echte Unternehmung ist – mit anspruchsvollen Anforderungen an Organisationsentwicklung, Projektentwicklung, Managementtätigkeiten und Führung. Deshalb kann man mit Fug und Recht vom Unternehmen Familie sprechen. Im Vordergrund stehen die Erziehung der Kinder und die Weitergabe von ideellen Werten, neben dem Aufbau von materieller Sicherheit und der Erwirtschaftung materieller Güter (z. B. Haus), die an die nächste Generation weiter vererbt werden können. Ein Familienunternehmen hat dies einfach nur umgedreht. Da steht sinnvollerweise die Wirtschaftlichkeit im Vordergrund und die Erwirtschaftung und Weitergabe von materiellen Werten. Die Erwirtschaftung, Weiterentwicklung und Weitergabe ideeller Werte geht bei vielen Familienunternehmen damit einher. Ob wir auf das Unternehmen Familie schauen oder auf das Familienunternehmen: Es geht um Familie.

Zusammen leben sowie Bewahren und Weitergeben
August Oetker, Vorsitzender des Beirats der Oetker-Gruppe, sagt:

> **August Oetker:** *Wir haben es hier mit einem Familienunternehmen zu tun, ich bin im Moment der Repräsentant. Bewerber oder Mitarbeiter haben es relativ leicht, herauszufinden, welchen Weg Sie gehen wollen. Ob sie kommen wollen oder gehen wollen. Denn irgendwie müssen sie sich mit mir auseinandersetzen. Ich bin aller Wahrscheinlichkeit nach noch eine ganze Weile hier. Und nicht, weil die Chefsessel so gut kleben, da guckt die Familie schon drauf, dass das nicht so ist. Sondern wir müssen irgendwie zusammen leben können.*

Die Geschäftsführerin der Hotels Waldhof auf Herrenland in Mölln und des Grandhotels Gabrielli in Venedig, Francesca Rosenberger, stellt fest:

> **Francesca Rosenberger:** *Natürlich ist ein Familienunternehmen immer etwas, das sehr viel mit Bewahren und Weitergeben zu tun hat. Die Geschwister meines Vaters haben keine Kinder. Da sieht man, dass dieses Weitergeben des Unternehmens eben auch etwas mit der Lebenssituation oder der Familiensituation des einzelnen Mitglieds zu tun hat. Wenn*

man keine Kinder hat, ist man irgendwie mit der Endlichkeit des eigenen Lebens konfrontiert und die Perspektive auf die Nachfolge im Unternehmen zeigt sich ganz anders.

Ich habe nun Kinder, und ob die das [Unternehmen] selber weitermachen oder das [Hotel] nur familienstiftend [aber unter Leitung eines externen Geschäftsführers] so weiter bestehen bleibt, ist mir jetzt erst mal ganz egal. Aber dieses Weitergeben und Bewahren auch von einer Tradition, einer Lebensleistung, die ganzen Mühen, die sich schon mal jemand gemacht hat, bis hin zum Vertrauen zueinander ... Ich erlebe, wenn ich jetzt mit meiner Schwester arbeite, mit der ich vorher nicht viel zu tun gehabt habe, dass sich ein Vertrauen eingestellt hat, das irgendwie ganz großartig ist. Weil ich einfach weiß, sie setzt sich mindestens so ein wie ich. Wir berichten uns alles Mögliche, was wir wichtig finden, und dadurch ist ein unglaublich schnelles Arbeiten möglich, weil ich eben nicht Politik machen muss. Sehr effizient.

Ich denke es ist einfach sehr gut, wenn sie [die Kinder der Interviewpartnerin] ihre eigenen Erfahrungen machen und erstmal ganz weit weg davon sind und sich dann irgendwie vielleicht später dafür [Unternehmensnachfolge] entscheiden. Ich sehe da keinen Zeitdruck. Bei meinem Vater zum Beispiel: Sein Vater, also mein Großvater, starb sehr früh. Mein Vater ist tatsächlich mit 24 in das Unternehmen eingestiegen, hat dann auch sein Studium abgebrochen und hat das Unternehmen seitdem geführt. Ich hoffe, das bleibt meinen Kindern erspart. Ich denke, dass die sich erstmal als Mensch entwickeln sollten.

[...] Für mich persönlich war ein Anruf meines Vaters [ein Schlüsselerlebnis]. Er sagte, dass er jetzt älter werden würde und wir wären ja alle verheiratet und hätten Kinder und sie [die Gesellschafter der Altgeneration] würden das Haus [das Hotel] jetzt verkaufen. Da habe ich dann zuerst einmal gesagt: Das möchte ich nicht. Und dann kam eigentlich die ganze Nachfolgeregelung erst in Gang.

[...] Er hätte nie von mir verlangt, dass ich das tue [die Nachfolge antreten]. Und er hat keinen anderen Ausweg gewusst [aus dem Dilemma, dass er sich nicht vorstellen konnte, dass seine beiden erfolgreich im Leben stehenden Töchter das Hotel übernehmen würden, er aber sich nicht traute, sie direkt zu fragen – ein gutes Beispiel für die Balance zwischen Sich-Trauen und Trauern, s. dort]. Wenn ich von mir aus angeboten hätte, die Nachfolge anzutreten, ohne dass er vorher darüber

nachgedacht oder mit den anderen Familienmitgliedern [und den drei Gesellschaftern der Altgeneration] überlegt hätte, wäre es wahrscheinlich auch nicht richtig gewesen. Also musste es wohl, zumindest bei uns, zu diesem Punkt kommen, dass sie den Entschluss, zu verkaufen, fassten. [Die Gesellschafter merkten:] So geht es jetzt hier nicht weiter [mit der Last der Verantwortung um das Grandhotel], wenn jetzt nicht irgendwie etwas passiert. Dass ich mich dann mit meiner Schwester gemeinsam gemeldet und gesagt habe: »Wir machen es gerne weiter«, das war dann die Lösung.

[...] Für mich war es immer klar, dass ich Teil des Ganzen sein würde und ich war eigentlich immer sehr erstaunt, dass von meinen Eltern hinsichtlich der Nachfolge nichts kam. Auf der anderen Seite, wenn man vier Kinder hat, dann ist man auch relativ beschäftigt mit ihnen. Ich wollte immer eine große Familie und alles auf einmal kann man dann eben nicht haben. Schließlich passte dann alles sehr gut zusammen. Die Kinder waren gerade so weit, dass sie alleine laufen und zur Schule gehen konnten, und dann kam die Nachfolgefrage auf den Tisch. Und dann war das auch richtig.

Aber was ist überhaupt eine Familie, was ist ein Familienunternehmen? Weil beides eng zusammengehört, schreibe ich gerne Familien•Unternehmen. Der Punkt dazwischen verbindet und trennt zugleich.

3.2 Was ein Unternehmen zum Familienunternehmen macht: »Glied in einer Kette«

Eine Studie des Instituts für Mittelstandsforschung (IfM) in Bonn unterstreicht die volkswirtschaftliche Bedeutung der Familienunternehmen (www.ifm-bonn.org):

»Familienunternehmen prägen die deutsche Unternehmenslandschaft

Nach Berechnungen des IfM Bonn weisen rund 95 Prozent aller deutschen Unternehmen die für Familienunternehmen charakteristische Einheit von Eigentum und Leitung auf. Die Familienunternehmen i. e. S. erzielen rund

42 Prozent der Umsätze und stellen ca. 57 Prozent aller sozialversicherungspflichtigen Beschäftigungsverhältnisse in Deutschland. Familienunternehmen sind somit nicht nur der dominierende Unternehmenstyp in der deutschen Unternehmenslandschaft, sondern bilden auch die tragende Säule für Wachstum und Beschäftigung (vgl. Wallau, F., 2009).«

- Etwa 95 Prozent (= drei Millionen) der in Deutschland ansässigen Betriebe und Firmen werden als Familienunternehmen geführt.
- 41,5 Prozent des Umsatzes aller Unternehmen stammen aus Familienunternehmen.
- 57 Prozent der Arbeitsplätze werden durch Familienunternehmen gestellt.

In einer Pressemitteilung vom 18. Februar 2015 berichtet das IfM:

Große Familienunternehmen weisen in wirtschaftlich schwierigeren Zeiten bessere Ergebnisse als vergleichbare managergeführte auf. Zu diesem Fazit kommt eine Bilanzdatenanalyse des Instituts für Mittelstandsforschung (IfM) Bonn für die Jahre 2008 bis 2012. Demnach konnten die untersuchten 3.723 großen Familienunternehmen sowohl über den gesamten Zeitraum hinweg als auch in den einzelnen Jahren höhere Renditen auf ihr Gesamt- und ihr Eigenkapital vorweisen als die 2.852 Nicht-Familienunternehmen. Als große Unternehmen galten der Studie zufolge Unternehmen mit einem Jahresumsatz von mindestens 50 Millionen Euro. Die untersuchten Familienunternehmen mussten sich zu mindestens 50 Prozent im Besitz von maximal zwei Familien befinden und die Familienmitglieder in der Geschäftsführung aktiv sein.

Ein Familienunternehmen ist wie der Rand einer Medaille

Um das Bild einer Medaille zur Veranschaulichung zu nehmen, worauf ich bereits in meinem zweiten Fachbuch auf andere Weise einging (Waibel, 2010, 138 f.): Auf der einen Seite ist das Unternehmen, auf der anderen Seite die Familie. Der verbindende Rand symbolisiert das Familienunternehmen. Er ist ein schmaler Grat, dieser Rand, der zugleich auch den Dialog symbolisiert. Die sichtbaren und schönen Seiten der Medaille oder der Münze zeigen oben jeweils entweder das Unternehmen oder die Familie. Der Rand bleibt immer unauffällig. Allerdings ist der Rand immer sichtbar, so schmal er auch sein mag. Das passt sehr gut, das ist sehr stimmig (Abb. 2)

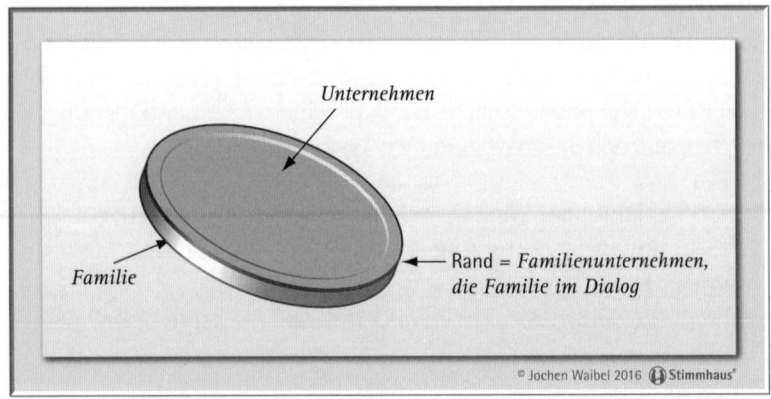

Unternehmen

Familie

Rand = *Familienunternehmen,*
die Familie im Dialog

© Jochen Waibel 2016 ⊕ Stimmhaus®

Abb. 2: Das Familienunternehmen als Medaille

Gerne wird die Auffassung vertreten, dass bei Familienunternehmen das Kapital mehrheitlich in Familienbesitz sei sowie Entscheidungen mehrheitlich von Familienmitgliedern getroffen würden (Institut für Mittelstandsforschung Bonn, www.ifm-bonn.de). Das Center for Family Business Uni St. Gallen definiert ein Familienunternehmen darüber, dass mindestens 50 Prozent der Stimmrechte bzw. mind. 32 Prozent der Stimmrechte bei börsennotierten Unternehmen bei der Familie liegen.

Drei Merkmale charakterisieren ein Familienunternehmen
Drei Merkmale gehören ins Blickfeld (nach May 2012, 26) und erleichtern die Einordnung:

- ein Unternehmen ist ein Familienunternehmen, wenn es vom Inhaber dominiert wird – sei es über das Kapital, über die Entscheidungskraft oder auch über das Charisma;
- ein Familienunternehmen wird von der Familie getragen, ich spreche gern von der Familienklammer;
- außerdem wird es in der inneren Haltung von einem generationenübergreifenden Denken und Handeln geprägt (Abb. 3).

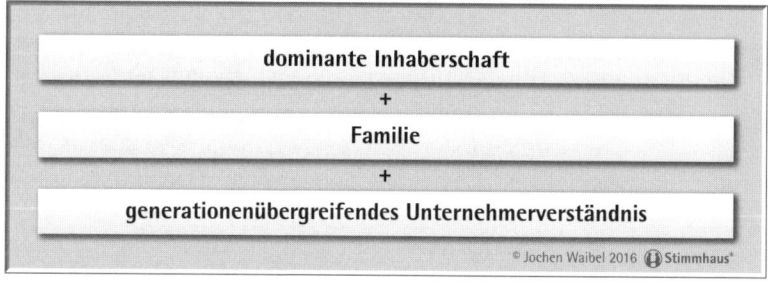

Abb. 3: Definition Familienunternehmen

Wolfgang Grupp von Trigema sagt dazu:

Wolfgang Grupp: *Deshalb ist das Denken der Familie in Familienunternehmen auf Generationen ausgerichtet. Dagegen ist der Shareholder Value auf die kurzfristige Erfolgsgeschichte ausgerichtet. Und das ist der fatale Unterschied.*

Die Association les Hénokiens vereinigt traditionsreiche Familienunternehmen. Die branchenunabhängigen Kriterien lauten:

- das Unternehmen ist mindestens 200 Jahre alt;
- die Nachfahren des Gründers verfügen über mehr als 50 Prozent der Anteile;
- einer der Nachfahren des Gründers führt das Unternehmen oder ist im Aufsichtsrat;
- die Geschäftsbilanz ist gesund;
- es wird eine Bürgschaft durch ein anderes Mitglied der Organisation verlangt;
- die Zahlung des Mitgliedsbeitrags orientiert sich proportional zum Umsatz.

Die Unternehmerfamilie ist Vorbild für die Betriebsfamilie

Das Familienunternehmen mag auch am Verhalten des Inhabers erkennbar sein. Ein Beispiel: Während eines über Jahre andauernden Übergabekonflikts zwischen einem Senior und Junior entwickelt der Junior die Phantasie, einfach seine Anteile zu verkaufen. Damit hätte er alle Sorgen los und könnte sagen, dann soll das Unternehmen doch alleine klarkommen und sehen wie es vorankommt. Nach vielen Jahren der Verantwortung im und für das Unternehmen gibt es den Impuls, zu sagen: Ich geh' jetzt! Doch der dem ungeliebten Senior nachfolgende Junior wird das nicht tun, denn die menschliche Bindung an die Mitarbeiter, sein Verständnis von Dauer – vom Gründer über den jetzigen Senior bis hin zu seinen eigenen Kindern als potenzielle geschäftsführende Gesellschafter oder nicht zur Familie gehörenden Anteilseignern – werden von ihm verlangen, seine dominante Inhaberschaft zu verteidigen und beizubehalten. Für die Familie, für sich, für alle Beteiligten.»Me-we!«, wie schon Muhammed Ali antwortete auf die Bitte von Studenten:»Give us a poem!« (vgl. Waibel, 140).

Oder mit den Worten von Wolfgang Grupp von Trigema:

> **Wolfgang Grupp:** *Meine Familie muss Vorbild für die große Betriebsfamilie sein. Das ist ganz wichtig. Wir müssen das, was wir von der Großbetriebsfamilie erwarten, auch vorlegen.*
> *Ein Familienunternehmen, heißt es, ist eine große Familie, die sich gegenseitig schützt und gegenseitig unterstützt und generell zusammenarbeitet.*

Ferner, wenn die Unternehmerfamilie im Kontext diverser Unternehmen steht, ist ebenso eine dominante Inhaberschaft sowie ein generationenübergreifendes Unternehmerverständnis prägend (nach May, 2012, 31).

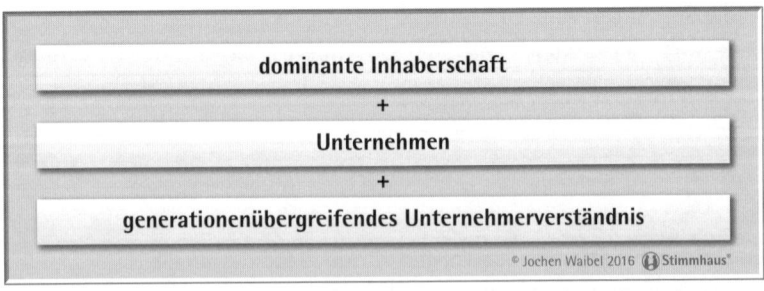

Abb. 4: Definition Unternehmerfamilie

Inwiefern ist Ihr Unternehmen ein Familienunternehmen?

Auf diese Eingangsfrage meiner Interviews antwortet der Senior der Brauerei Zötler, Herbert Zötler:

> **Herbert Zötler:** *Uns gibt es seit 1447. Die Brauerei selber ist nie verkauft worden, ich bin in der 20. Generation, wenn ich richtig gezählt habe. Mein Sohn Niklas dann in der 21. Ich glaube mehr Familienunternehmen geht nicht.*

Niklas Zötler führt weiter aus:

> **Niklas Zötler:** *Die Brauerei befindet sich auch zu 100 Prozent im Familienbesitz. Es gibt zwei Gesellschafterfamilien, aber aus dem gleichen Stamm. Meine Tante und mein Onkel heißen zwar Müller, aber meine Tante ist eine geborene Zötler. Wir vier sind die einzigen Gesellschafter in der Brauerei.*
> *Und dann ist da natürlich noch der Aspekt des Helfens. Nicht nur wir sind berufstätig in der Brauerei beschäftigt, sondern fast alle Familienmitglieder helfen auf die eine oder andere Art und Weise und arbeiten hier.*

> **Herbert Zötler:** *Als Familienunternehmer hat man die Aufgabe, ein Unternehmen zu führen und damit ist zwangsläufig auch die Aufgabe verbunden, die Familie zu führen. Die Schnittmenge ist einfach relativ groß, wo beide agieren. Das ist nicht leicht, aber man darf es auch nicht vernachlässigen. Man muss im Sowohl-als-Auch seine Führungsfähigkeiten einbringen.*

> **Niklas Zötler:** *Es geht um das langfristige Denken und das nicht kurzfristige Handeln. Was wir tun, tun wir mit der Aussicht, dass es die nächsten 565 Jahre unsere Familien noch machen.*

Carsten Henning, geschäftsführender Gesellschafter von Räder-Vogel, antwortet auf die Frage, inwiefern Räder-Vogel ein Familienunternehmen sei:

Carsten Henning: *Ja, also es ist deswegen ein Familienunternehmen, weil die Familie Henning ungefähr vor zehn Jahren die komplette Firma übernommen hat von dem vorherigen Mehrheitseigner, der Familie Mebus. Deswegen ist es zu hundert Prozent ein Familienunternehmen. Eigentlich war es das von Anfang an, nur die Familien haben sich geändert in den siebzig Jahren, die wir dieses Jahr, 2016, feiern oder nicht feiern.*

Interviewer: *Räder-Vogel wurde gegründet von der Familie Vogel?*

Carsten Henning: *Von Peter Vogel. Der Markenname PE VO LON, was nichts anderes ist als ein Kunststoff, steht eigentlich für Peter Vogel Nylon. Das ist nur der Markenname für ein Kunststoffrad, das jeder herstellen kann. Peter Vogel hat nach dem Krieg halt angefangen.*
Zu der Zeit hat er damit begonnen, alte Panzerräder zu überarbeiten – diese kleinen Räder in den Ketten – und hat daraus Schubkarrenräder und Schubkarren gemacht. Wir haben früher auch Schubkarren selber gebaut und im Laden in der Amsinckstrasse, den es ja heute noch gibt, verkauft. Mit der Hafennähe, so ist das entstanden. Sprich: null Wareneinsatz und 100 Prozent Profit.
Und er hat die Firma dann an die Familie Mebus übergeben. Die waren bis vor 10 Jahren die Mehrheitseigner. Herr Mebus ist leider ganz plötzlich und früh verstorben. Mein Vater war zu der Zeit schon da als Geschäftsführer und hat dann die Möglichkeit bekommen, Anteile zu kriegen. So ist er eingestiegen ins Unternehmen. Dann 2004/2005 war der Wechsel, die Übergabe komplett an die Familie Henning.

Interviewer: *Das heißt, Sie sind dann die vierte Generation.*

Carsten Henning: *Ja, genau.*

Interviewer: *Zweite Generation Familie Henning.*

Carsten Henning: *Wir haben einen Mitarbeiter, der schon einundfünfzig Jahre hier ist. Er arbeitet auch noch, er ist 67. Er kennt so viele Anekdötchen und ich sage immer: Schreib sie auf. Schreib sie auf. Ich glaube nicht, dass er es tut.*

Interviewer: *Dann müssen Sie mit ihm darüber sprechen und das Gespräch aufnehmen. Dann haben Sie es.*

Carsten Henning: *Gute Idee!*
[...] Wir haben [als Unternehmer] per Handschlag Vereinbarungen getroffen, an die wir uns dann gehalten haben. Das ist das, was das Familienunternehmen vielleicht auch von anderen Unternehmensformen unterscheidet. Man denkt nicht kurzfristig, sondern eher langfristig. Das ist das, was den guten Patriarchen dann letztendlich auch ausmacht.

Michael Weiß von Meckatzer Löwenbräu sagt dazu:

Michael Weiß: *Unsere Brauerei ist ein Familienunternehmen und seit 1853 im Eigentum der Familie Weiß. Damals haben mein Urgroßvater und meine Urgroßmutter das Unternehmen übernommen, ich glaube für 10.000 Gulden. Gegründet wurde es ja 1738 und dann gibt's – genau ist es nicht überliefert – glaube ich dreizehn, vierzehn mal Eigentümerwechsel, Verkauf, Konkurs, wie auch immer. Dann haben, wie gesagt, 1853 Urgroßvater und Urgroßmutter, Lena und Gebhard Weiß, die Brauerei übernommen. Und seit der Zeit ist sie im Familienbesitz. Mein Großvater, Benedikt Weiß, den ich leider nie kennen gelernt habe, hat dann Ende des 19. Jahrhunderts seine fünf Geschwister ausbezahlt. Später hatte Benedikt wiederum fünf Kinder, drei Buben und zwei Mädels. Ich bin der Sohn eines seiner drei Söhne. Es ist zu hundert Prozent ein Familienunternehmen. Eine Kommanditgesellschaft, eine der wenigen, die es glaube ich heute noch gibt. Ich bin persönlich haftender Gesellschafter als Komplementär.*

»Glieder in einer Kette« – vom Armeekoch zu Buddenbrooks
Francesca Rosenberger, Geschäftsführerin von Hotel Waldhof auf Herrenland bei Mölln sowie Hotel Gabrielli in Venedig, sagt:

Francesca Rosenberger: *Familienunternehmen sind die Hotels deshalb, weil sie familiengeführt sind, inhabergeführt, und das über mehrere Generationen. Da gibt es zum einen den kleinen Waldhof, das Haus, das meine Großmutter 1957 erstanden hat [von der deutsch-niederländischen Eigentümerfamilie von Peek & Cloppenburg, deren Stammsitz das Haus vorher war]. Das hat sie als Kriegswitwe, die erst in Hamburg landete und dann eben dieses Haus dort außerhalb kaufte, geführt. Dann hat es meine Mutter übernommen und nun mache ich es. Also drei Frauen in der Reihe. Das ist das eine Thema. Das andere ist eben dieses Venedig [das Hotel Gabrielli], dort bin ich seit 1848 die fünfte Generation in der Reihe vonseiten meines Vaters. Darum familien- und inhabergeführt.*
Und die Familie und die Auseinandersetzung mit der Familie und den Mitgliedern ist natürlich auch auf unterschiedlichen Ebenen immer ein Thema.

Interviewer: *Das Hotel Gabrielli in Venedig, 1848, ist also von Ihrem Vater.*

Francesca Rosenberger: *Der erste war damals 1848 Andreas Perkhofer, Andreas, genauso wie mein Vater. Bei der Nachfolge gab es einmal einen Sprung, das heißt, das Haus wurde einmal an einen Neffen weitergegeben. Ansonsten war es immer die gerade Linie. Immer vom Vater auf den Sohn oder einen der Söhne. Mein Vater hat es die letzten fünfzig Jahre mit fünf Geschwistern geführt. Und jetzt mache ich es gemeinsam mit meiner Schwester zusammen.*

Interviewer: *Der Familienname damals war?*

Francesca Rosenberger: *Perkhofer. Der erste Perkhofer, Österreicher, ist im Heer von Radetzky, Österreich-Ungarn, in Venedig angelandet [Johann Joseph Wenzel Anton Franz Karl Graf Radetzky von Radetz, gilt als der berühmteste Heerführer Österreichs im 19. Jahrhundert]. Es ist also wirklich so eine Geschichte: Als Koch, als Armeekoch, landete er dann in Venedig, dort fand er es schön und blieb dort wohnen. Er hat dort ganz klein angefangen, als Koch im Innenhof dieses Gebäudes zu kochen, hat dann seine Frau aus Österreich geholt. Dann haben sie da* *weitergekocht und haben immer kleine Stücke dazu mieten oder dazu kaufen können. Das wurde das Gebäude, wie es heute ist.*

Ich kann natürlich nicht über unsere Vor-Generation sprechen, warum oder wieso sie das weitergemacht haben. Aber wenn ich für mich spreche oder eben auch für meinen Vater, mit dem ich mich sehr viel darüber unterhalten habe, kann ich einfach sagen: Ich fühle mich wie ein Glied in einer Kette oder eine Perle auf einer Perlenkette. Das ist eine natürliche Abfolge. Ich habe Gott sei Dank die Fähigkeit, dies zu tun und empfinde es als ein Glück und eine Bereicherung, das ich dies tun darf.

[...] Ich habe einfach einen großen Respekt vor dieser Leistung, die in diesen vielen Jahrzehnten vorher erbracht wurde. Das sind jetzt 160 Jahre. Am Anfang habe ich ihn nicht gehabt, diesen Respekt. Es bedarf schon einer ganzen Menge, so einen Kahn durch die Gezeiten zu schippern. Von Österreich-Ungarn, über zwei Weltkriege und was weiß ich was da alles war. Gewerkschaften in Italien. Da war eine Menge los. Darauf muss man immer eine Antwort haben.

Ebenso wie Francesca Rosenberger spricht auch Henning Beeken, Geschäftsführer des Hof Eggers und von Gartenbau Beeken, vom Glied in einer Kette:

Henning Beeken: *Ich denke schon, wenn man einen Familienbetrieb übernimmt, dann ist das eine Verantwortung und viele Vorfahren haben schon vor einem diese Verantwortung übernommen. Man ist ein Glied in einer langen Kette. Bei mir war es auf jeden Fall so, dass ich ein gewisses Verantwortungsgefühl hatte, das entsprechend weiterzuführen und möglichst an die nächste Generation oder eben die Nachfolger, die sich dann ergeben, in einem guten Zustand weiterzugeben.*

Thomas Mann, Literaturnobelpreisträger von 1929 und als Sohn einer angesehen Lübecker Kaufmannsfamilie einem alteingesessenen Lübecker Patriziergeschlecht entstammend, nutzt in seinem Gesellschaftsroman »Buddenbrooks – Verfall einer Familie« von 1901 ebenso das Bild der »Glieder in einer Kette«: »Wir sind, meine liebe Tochter, nicht dafür geboren, was wir mit kurzsichtigen Augen für unser eigenes, kleines, persönliches Glück halten, denn wir sind nicht lose, unabhängige und für sich bestehende Einzelwesen, sondern wie Glieder in einer Kette, und wir wären, so wie wir sind, nicht denkbar ohne die Reihe derjenigen, die uns vorangingen und uns die Wege wiesen, indem sie ihrerseits mit Strenge und ohne nach rechts oder links zu blicken, einer erprobten und ehrwürdigen Überlieferung folgten. Dein Weg, wie mich dünkt, liegt seit längeren Wochen klar und scharf abgegrenzt vor Dir, und du müßtest nicht meine Tochter sein, nicht die Enkelin Deines in Gott ruhenden Großvaters und überhaupt nicht ein würdig Glied unserer Familie, wenn Du ernstlich im Sinne hättest, Du allein, mit Trotz und Flattersinn Deine eigenen, unordentlichen Pfade zu gehen« (3. Teil, Ende 10. Kapitel, S. 146).

Sind Familienunternehmen die besseren Unternehmen?
Dr. Eberhard Sasse, Gründer der Dr. Sasse AG (in: Bayrischer Rundfunk, alpha-Forum, Sendung vom 21.8.2014, 20.15 Uhr) antwortet auf die häufig im Raum stehende Frage, ob Familienunternehmen die besseren Unternehmen sind:

> **Eberhard Sasse:** *Ob sie besser sind, weiß ich nicht, ob sie etwas anders können, weiß ich auch nicht. Wenn es in Deutschland keine Familienunternehmen mehr gäbe, dann ist das so, als würden Sie den Stecker aus der Dose ziehen: Dann würden die Lichter ausgehen. Das deutsche Familienunternehmen ist für Deutschland von größter Wichtigkeit. Familienunternehmen sind flexibel und haben vielerlei Vorteile. Da brauche ich jetzt gar keinen Werbevortrag halten. Sie sind ganz wichtig für Deutschland und das ist auch etwas, worum uns andere Länder beneiden. Es gibt im Moment zwei Dinge in der Wirtschaft, worum uns andere Länder beneiden: Das ist erstens das duale Ausbildungssystem und das ist zweitens das deutsche Familienunternehmen. Das hat uns Deutsche in den letzten schwierigen Jahren wirklich gut, wenn nicht sogar hervorragend über die Runden gebracht. Weil es da kurze Entscheidungswege gibt. Und da gibt es ganz viele Menschen, da gibt es ganze Familien, die für ihre Firma leben. Da muss nicht die Firma den Wohlstand für die Familie produzieren, sondern die Familie lebt teilweise über viele Generationen hinweg für die Firma: Das ist dort das Allerwichtigste. Dafür geht man auch ins hohe Risiko, dafür riskiert man etwas. Da geht man in volle Haftung. Das ist das, was das deutsche Familienunternehmen ausmacht, das ist die Kraft der deutschen Wirtschaft.*

Wie schwer Familienunternehmen zu bewerten, zu verstehen und einzuordnen sind, artikulierte aus Anlass des Tags des deutschen Familienunternehmens, im Juni 2016 im Hotel Adlon in Berlin, der Unternehmer und UNICEF-Deutschland-Präsident Jürgen Heraeus gegenüber dem Handelsblatt (9.6.2016). Dabei unterstreicht er seine Forderung nach Abschaffung der Erbschaftssteuer:

> **Jürgen Heraeus:** *Gleich welche Konstruktion das Unternehmen hat, am Ende läuft es immer darauf hinaus, dass die Erben zahlen müssen, und das Geld kann nur aus dem Unternehmen kommen. Das muss in die Köpfe der Politiker.*
>
> *Es geht um viele mittelständische Unternehmer, die viele Arbeitsplätze schaffen, innovativ sind und investieren. Alle Politiker loben in ihren Sonntagsreden den deutschen Mittelstand über den grünen Klee. Die ganze Welt beneidet uns darum. Wenn es aber darum geht, etwas zur Erhaltung zu tun, dann kommt von der Politik keine Unterstützung. Die Politiker [...] haben leider überhaupt kein Verständnis dafür, wie Familienunternehmen funktionieren. Das Geld steckt in den Unternehmen, in den Maschinen und Anlagen, nicht bei den Erben. [...]*
>
> *Fragen Sie mal unsere Mitarbeiter, ob die an der Spitze einen Familienunternehmer oder einen fremden Investor haben wollen. Der Familienunternehmer hält zur Firma, auch in schlechten Zeiten, über Generationen hinweg.*

Pseudo-Familienunternehmen

Es gibt auch Pseudo-Familienunternehmen. Das sind »Familienunternehmen«, die schlicht das Unternehmen eines Familienmitglieds sind, in der Regel von Mama oder Papa, oder einfach nur die freiberufliche Tätigkeit eines Elternteils. Es wird in der ersten Generation betrieben, ohne das generationenübergreifende Verständnis, während der andere Elternteil entweder einer anderen Arbeit nachgeht oder zuhause auf die Kinder aufpasst oder auch mitarbeitet im Unternehmen. Klassisches Beispiele dafür sind türkische Gemüsemärkte unter Mitarbeit vieler Mitglieder der Großfamilie, ebenso wie gastronomische Einrichtungen aller Herkünfte, die zum zweiten Lebensmittelpunkt der Familie werden, wobei ein Teil der Familie noch an anderer Stelle sein Geld verdienen muss, damit die Familie materiell überlebt oder auch um individuellen Abstand und Eigenständigkeit zu sichern. Die Belastung kann hoch sein, da viel von der Belastung von allen getragen wird und man zugleich aber auch noch seinen eigenen Bereich, seine eigene Arbeit hat. Man hat als Angehöriger eines Pseudo-Familienunternehmers häufig noch zusätzlich die eigenen Herausforderungen zu bewältigen, profitiert nicht von irgendwelchen identitätsstiftenden oder materiellen und ideellen Mehrwerten, man erhält keinen Status-Bonus, sondern eher nur die versteckte Aufgabe, die Statik mit zu stabilisieren. Nur weil die Familie meist unabgesprochen, ohne Konsens, ohne Regelwerk und erst recht ohne Familienverfassung über Gebühr belastet wird, ist es noch kein Familienunternehmen.

3.3 Unterschiede und Gemeinsamkeiten von Familie und Familienunternehmen

Familie ist ein weites Feld. Deshalb interessiert mich ich zunächst, was die katholische Kirche als eine der ältesten bestehenden Institutionen der Welt dazu schreibt (www.berufundfamilie.bistum-wuerzburg.de/zielvereinbarungen/definition-familie):

> Familie ist eine auf Dauer angelegte Gemeinschaft der Liebe und Solidarität. Sie ist der erste Ort, an dem der Mensch Liebe, Vertrauen, Geborgenheit und selbstlose Sorge umeinander erfahren und lernen kann. Sie verbindet Generationen. Für die Kirche ist die auf der Ehe gegründete und auf die Erziehung von Kindern sowie die Pflege von Angehörigen ausgerichtete Familie die Urzelle des gesellschaftlichen und kirchlichen Lebens. Neben der Kernfamilie gehören auch z. B. alleinerziehende Mütter und Väter, Patchwork- oder Pflegefamilien dazu.

Der Staat zitiert auf der Seite des Bundesministeriums für Familie, Senioren, Frauen und Jugend den Soziologen Karl Lenz (2003: 495):

> Als konstitutives Merkmal von Familie kann die Zusammengehörigkeit von zwei oder mehreren aufeinander bezogenen Generationen aufgefasst werden, die zueinander in einer besonderen persönlichen Beziehung stehen, welche die Position »Eltern« und »Kind« umfasst und dadurch als Eltern-Kind-Beziehung bezeichnet werden kann.

Die Soziologin Rosemarie Nave-Herz (2003) sieht in der benannten persönlichen Beziehung eine Sehnsuchtserwartung und rät deshalb von der Betonung derselben ab, sie bezieht sie nicht in die Definition von Familie mit ein. Die Generationenachse als Kern von Familie unterstreicht sie dagegen ebenso. Sie betont das Zugehörigkeitsgefühl sowie die Solidaritätsbeziehung zwischen den Angehörigen der unterschiedlichen Generationen, »gleichgültig von welcher Emotionsqualität die Solidaritätsbeziehung bestimmt ist« (Nave-Herz 2003: 547).

Etymologisch bedeutet Familie die Gemeinschaft der Verwandten. Diese verändert sich rapide im Zeitalter der Patchworkfamilien.

Zusammenfassend kann also gesagt werden: Familie sind diejenigen, die sich zusammen gehörig erleben oder: Familie ist dort, wo Kinder sind! Manchmal mag das sogar ein ganzes Dorf sein, wenn wir dem afrikanischen Sprichwort folgen: »Um ein Kind zu erziehen, braucht es ein ganzes Dorf.«

Dies wird vor allem dann funktionieren, wenn das Dorf eben ein Zugehörigkeitsgefühl vermittelt. Dieses Zugehörigkeitsgefühl der Mitarbeiterschaft ist auch für jedes Unternehmen wichtig: »Es ist praktisch der Patron, der schützt, der darüber steht.« kommentiert Wolfgang Grupp von Trigema.

Alphabet Systemischer Gesetzlichkeiten
Unternehmen lernen von Familien, Familien lernen von Unternehmen.

Ich gebe im Folgenden einen kurzgefassten – unvollständigen – Überblick über die systemischen Gesetzlichkeiten der Unternehmung Familie (F), des Familienunternehmens (FU) und eines »normalen« Unternehmen (U). Ergänzen Sie gerne!

A Die Begegnung auf **Augenhöhe** ist ein wesentliches Merkmal dialogischer Kommunikationskultur. (F) sind an der Augenhöhe interessiert, da alles andere die Stimmung stört und man schwer davon laufen kann. Im (FU) kann die Augenhöhe durch das tägliche Business, vor allem bei fehlenden Ritualen, leicht geschmälert werden. In (U) lebt die Augenhöhe von guter Teamarbeit und einem Teamdialog oder wird zerstört durch das Kommando des Vorgesetzten.

D Entsprechend dem **Dialogischen Prinzip** nach Martin Buber wird das Gegenüber nicht zum Objekt reduziert. Der Kontakt, die »gegenseitige kreative Anpassung« (Waibel 2010, 46 ff.) zeigt sich in (F) im respektvollen Dialog oder auch im »kreativen« sich Anschweigen als gegenseitiges Verweigern jeglicher Anpassung, in (FU) führt der Chef das Kommando, Anpassung erwartend bis hin zum Dialog und Unternehmensdialog. In (U) wiederum unterstützen beispielsweise Abteilungsleiter mehr oder weniger offensiv den Teamdialog, also den Dialog innerhalb eines Teams oder delegieren taktvoll auf Augenhöhe, anstatt sich auf Kommandos zu reduzieren.

H Die **Hand** wird genutzt, um jemanden an die Hand zu nehmen (F), zur vertrauensvollen Handreichung (FU) bzw. zum Handschlag (U).

E Emotionen spielen von Geburt an eine Rolle (F), im (FU) werden diese gerne stärker an den Rand gestellt und zumindest oberflächlich sachorientiert zeigt sich das (U).

E Entlohnung findet in (F) immateriell und langfristig statt, in (FU) stärker materiell und mittelfristig, in (U) dagegen nur noch materiell und kurzfristig.

E Erbe gibt es in (F) mehr – wenn etwas da ist, in (FU) weniger aufgrund von Reinvestitionen in die Firma oder weil das Kapital z. B. in Immobilien gebunden ist. In (U) gibt es eher nichts: außer Spesen nichts gewesen.

G Gesundheit spielt eine große Rolle, trotz Selbstausbeutung (F), eine kleinere Rolle trotz Selbstausbeutung beim (FU) und inzwischen insgesamt eine sehr große Rolle aus betriebswirtschaftlichen Gründen bei (U).

K Kinder machen eine (F) zur Familie, erleichtern dem (FU) die Nachfolge. Im (U) sind Kinder im Hinblick auf das Thema Familienfreundlichkeit relevant (vgl. Bundesministerium für Familie, Senioren, Frauen und Jugend: »Unternehmensmonitor Familienfreundlichkeit 2013«).

K Konfliktkultur wird in (F) in der Regel passiv übernommen und als schicksalhaft akzeptiert, in (FU) dagegen stärker aktiv weiterentwickelt und mitgestaltet, manchmal auch als Mitglied beim »Round Table Mediation und

Konfliktmanagement« der deutschen Wirtschaft (www.rtmkwm.de). Der »Round Table Mediation« und andere Round Tables dienen wiederum in größeren (FU) und in (U) gerne der Imagepflege bzw. gehören zum gehobenen Standard State of the Art.

K Kündbarkeit gibt es in (F) nie, außer man trennt alle Bande, in (FU) seltener als in (U), bei denen die Beteiligten im Zweifel austauschbar sind.

M Macht führt von der Ohnmacht in (F) über die Übermacht, beispielsweise eines Patriarchen oder stark regelnden Vorgängers in (FU) und direkt an den Schalthebel je nach Position in (U).

P Psycho-Dynamik wird in (F) durch einzelne Familienmitglieder gestaltet, in (FU) durch Familie und Anteilseigner bzw. in (U) vor allem durch Vorstand (Personal), Aufsichtsrat, Betriebsrat sowie nachgeordnet durch einzelne Mitarbeiter.

P Typische **Psychologische Muster** werden in (F) vererbt und durch die Sozialisation weitervermittelt, gewissermaßen »mit der Muttermilch aufgesogen«, in (FU) manchmal etwas modifiziert, auch bedingt durch das stärkere Rampenlicht und durch die größere Distanz, im (U) noch eher reflektiert und überwunden, vorausgesetzt, es gibt ein aktives Bemühen darum vom Einzelnen.

P Partnerwahl geht von der Liebesheirat oder Standeshochzeit in (F) zur Liebesheirat oder Hochzeit aus Liebe zum unternehmerischen Zweck in (FU). In (U) ist Partnerwahl und Heirat Privatsache.

P Personen stehen in der (F) im Mittelpunkt, dies nimmt im (FU) ab und wird im (U) durch die Funktion ersetzt.

R Die **Ressourcengestaltung** ist in (F) stark inspiriert durch die Nachkommen, also die Kinder, in (FU) irritiert durch zu viele Interessengruppen, dem mangelnden Loslassen der Altvordern und belastet durch höhere Arbeitslast. In (U) geht es hin zur maßgeschneiderten Rolle und Teamrolle mit zielstrebig gefundenem Traumjob durch Marktrecherche und Headhunter.

S Status spielt weniger eine Rolle in der (F), mehr in (FU) und manchmal zu viel in (U).

V Versorgung besteht in (F) aus Erbe & Schulterklopfen, in (FU) aus Gehalt & Briefumschlag mit Geldscheinen plus guten Ratschlägen und in (U) aus einem sogenannten »Goldenen Handschlag« zum Ausstieg.

V Verträge sind wichtig als Ehevertrag in (F), für die Familienverfassung in (FU) bzw. als Arbeitsvertrag in (U).

V Vorbilder sind in (F) die Eltern & Großeltern bzw. Idole. Beim (FU) sind es die Großeltern & Vorgänger oder der Gründer bzw. öffentliche Personen wie Helmut Schmidt. In (U) sind ebenfalls öffentliche Personen wie Schmidt wichtige Vorbilder und erfolgreiche Unternehmer wie die Quandts, Würth oder Uhu Fischer.

W Werte sind ideell in (F), zunehmend materieller Art in (FU) bzw. bestehen aus materiellen Werten plus Status in (U).

Z Das **Zeitmanagement** ist in (F) ungeregelt: Gemeinsame Familientermine wie Frühstück und Essen, Arzttermine, Zuhören und (keine) Zeit haben; in (FU) ist es geregelt durch Managementrunden, Präsenz im Betrieb, Zuhören und Zeit haben für Mitarbeiter; in (U) ist es geregelt durch Pflichterfüllung bzw. Dienst nach Vorschrift.

Z Das **Zugehörigkeitsgefühl** ist in (F) stark bis hin zu Fluchttendenzen geprägt; stark bis hin zum Ausstieg in (FU) bzw. austauschbar in (U).

Z Der **Zweck** der (F) ist die private Fürsorge und die Gemeinschaft, beim (FU) ist es sowohl die private Fürsorge in der Gemeinschaft als auch die langfristige unternehmerische Wertschöpfung, beim (U) bleibt vor allem die unternehmerische Wertschöpfung sowie die Lust an der erfolgreichen Betätigung im eigenen Fachgebiet.

4 Der Patriarch als Ausgangspunkt von Führung: Machteingriffe und kommunikative Win-win-Situationen

Ein Mann muß Ballast haben, ein Mann muß einen Karren haben,
den er zu ziehen hat, sonst kriegt er keinen Schwung.
Friedrich Dürrenmatt

Old men are dangerous: it doesn't matter to them
what is going to happen to the world.
George Bernard Shaw

Konsul Buddenbrook (...) schritt durch das Comptoir, wo die Leute
an den Pulten bei seinem Erscheinen sich tiefer über die Rechnungen
beugten, in sein Privatbureau, legte Hut und Stock beiseite, zog den
Arbeitsrock an und begab sich an seinen Fensterplatz.
Thomas Mann, Buddenbrooks

In diesem Kapitel steht der Patriarch im Mittelpunkt als eine Person, die sehr ambivalent sein kann: Manchmal ist er nicht zum Rückzug bereit, dann wiederum ist er ein Vorbild – er birgt verschiedene Eigenschaften in sich. Außerdem geht es um die Haltung zwischen Riese und Scheinriese, die dazu einlädt, die Realität der eigenen Person und Größe zu überprüfen. Mit der Führungs-VITA, bestehend aus Vision, Innerer Haltung, Sich Trauen und Trauern sowie Ver-Antwortung, wird die persönliche Entwicklung hin zur Führungspersönlichkeit als lebenslanger Prozess verdeutlicht. Statt als Scheinriese aufzutreten ist es leichter, mit Fähigkeiten und Kompetenzen zu punkten.

4.1 Verschiedene Blickwinkel erhellen die Persönlichkeit des Patriarchen

Familiäre Führer wachsen in ihre Rolle hinein und finden dabei im Laufe der Zeit den Glauben an sich selbst. Dann spielen sie ihre Rolle des Lebens, werden immer selbstsicherer und manchmal kann daraus mit der Zeit ein zu viel des Glaubens an sich selbst werden, was zu einer mangelnden Bereitschaft führt, notwendige unternehmerische Veränderungsprozesse anzustoßen oder zu unterstützen. Dann wendet sich das Blatt und manche fragen sich: Was ist passiert, wie geht es weiter, was dürfen wir erwarten vom Alten, vom Patriarchen, von Mom oder Dad? Dann ist aber auch die Frage erlaubt, wie ein jeder der Kritiker an Stelle eines Stammvaters agieren würde zum Zeitpunkt des Wechsels, der Nachfolge und Erneuerung. Ganz offenherzig kann dies jede Person für sich selbst beantworten durch die schlichte Frage: Wann habe ich zuletzt Erneuerung und Veränderung erlebt und wie gut konnte ich dies zulassen gegenüber anderen? Auf einer Skala von 0 bis 10 ordnen Sie sich gerne selbst ein: 0 bedeutet festhalten und weitermachen wie bisher, 10 steht für Loslassen als hoher Freiheitsgrad. Denn durch die Déformation professionelle oder eben Betriebsblindheit ist jede Person in der Lage, in zunehmendem Maße selbstgerecht zu vieles kontrollieren und managen zu wollen, anstatt auf die Kräfte der Selbstregulation zu vertrauen sowie des Nicht-Eingreifens (Waibel, 2010, S. 13 sowie Waibel 2000/2012, S. 25, 125).

Rückzug unmöglich, denn die »Firma ist mein Sanatorium«
Ein prominentes und aktuelles Beispiel eines Patriarchen aus der Welt bedeutender Familienunternehmen ist der Hanseat und Kaffeekönig Albert Darboven. Im Jahr 2016 feierte sein Unternehmen J. J. Darboven das 150-jährige Jubiläum, er selbst das achtzigste Lebensjahr. Ob Albert Darbovens Sohns Arthur Ernesto Darboven, der das Unternehmen 2008 im Streit verließ, als Nachfolger oder Erbe eingeplant ist, lässt der Patriarch derzeit offen. Für alle Fälle hat er eine Stiftung gegründet und sagt gegenüber der Bild-Zeitung: »Ich versuche, mit meinem Sohn einen Weg zu finden.« (17.3.2016)

2008 hieß es von Seiten des Vaters: »Wir haben uns in familiärer Freundschaft getrennt.« [...] »Mein Sohn nimmt eine Auszeit.« (Hamburg Abendblatt, 31.10.2008)

»Es gab Probleme zwischen mir und meinem Sohn, die er nicht lösen wollte. Er war nicht bereit, gewisse Marketing- und Personalfragen richtig einzuschätzen. Es war das Beste, was er machen konnte, sich erst mal auszuklinken.« (zitiert nach Crema-Magazin: http://www.cremagazin.de/kaffeekonig-ohne-prinz/ 26.6.2016). Arthur Darboven betont sein »privat gutes Verhältnis«, sieht den Ball bei seinem Vater: »Ich habe alles getan – jetzt muss mein Vater handeln.« Der Konflikt hatte oberflächlich betrachtet seine Ursache in der zukünftigen Ausrichtung des Unternehmens. »Ich will ja nicht zu Hause sitzen und Violine spielen«, sagte Darboven senior gegenüber dem Abendblatt. Es klingt ganz anders als die Aussage von Dr. Eberhard Sasse, Gründer der Dr. Sasse AG mit 5000 Mitarbeitern (in: Bayerischer Rundfunk, alpha-Forum, Sendung vom 21.8.2014, 20.15 Uhr).

> **Eberhard Sasse:** *Es gibt in diesen Verbänden jeweils Senior- und Juniororganisationen. Wir bei den Senioren unterhalten uns immer darüber, wie man übergibt und dass man sich dann auch wirklich zurückziehen will. Deswegen habe ich das vorhin auch so politisch korrekt gesagt: Man übergibt und zieht sich vollkommen zurück. [...] Ich war ja schon in verschiedenen Verbänden Vorsitzender: Ich habe das immer nur eine bestimmte Zeit gemacht und habe dann nach meiner Zeit dort jedes Mal ganz konsequent etwas anderes gemacht. Ich gehöre also nicht zu den Verbandsvorsitzenden, die dann bei jeder Sitzung in der ersten Reihe sitzen und die Leistungen und Tätigkeiten des Nachfolgers kommentieren.*

Gegenüber dem Magazin Capital (21.4.2016, 5/2016) sagt Arthur Darboven:

Ich stehe für die Nachfolge zur Verfügung. [...] »Die Zukunft der Firma hängt in der Luft.« [...] »Nach meinem Verständnis ist sie [die Firma] eine Leihgabe auf Zeit. Dann gibt man sie gestärkt weiter an die nächste Generation.« [...]

»Wir lehnen alle die Stiftung ab.« sagt Sohn Arthur Darboven über sich sowie seine beiden Vettern, die zu dritt 42,5 Prozent der Anteile an J. J. Darboven halten.

Wie ist die Aussage von Darboven Senior zu interpretieren (in: Jubiläums-festschrift »150 Jahre Kaffeekultur«): »Ich hatte die Pflicht und die Freude, das weiterzuführen, was die Eltern geschaffen hatten. Das haben sie mir oft gesagt. Das war mir schon als Kind klar.«

Hat sein Sohn auch die Pflicht und die Freude, das weiterzuführen? Im Widerspruch dazu stehen Aussagen des Vaters wie:

»Die Firma ist mein Sanatorium. Da muss man mich schon waagrecht her-austragen.«

Können Kaffeekultur und der Dialog zwischen den Anteilseignern zusam-menkommen? Wie viel gemeinsame Kultur im Familienunternehmen ist möglich vor dem Hintergrund der Angst des Vaters vor dem eigenen Bedeu-tungsverlust? Als der Sohn fast schon wie der Firmenchef wahrgenommen wird, interveniert der Senior. »Er grätschte kurz vor Fertigstellung dazwi-schen und fing an, die Sache zu stoppen. Die Kampagne und somit mein Wirken waren blockiert.« So kommentiert der Junior (in: Capital, 21.4.2016, 5/2016). »Aber irgendwann bin ich ihm zu nahe gerückt.« Der Vater reagiert erleichtert und es kommt 2008 zur Trennung mit den Worten des Vaters: »Da fällt mir ein Stein vom Herzen. Es ist besser, du machst deinen eigenen Kram.« (in: Capital, 21.4.2016, 5/2016). Wurde der Sohn zur Bedrängnis, kann der Vater ihn neben sich dulden, ist es die Angst vor Bedeutungsverlust?

Der Geburtstagsempfang im Rathaus zum 80. des Seniors plus 150-jähri-ges Firmenjubiläum findet ohne Familie statt. Der Junior realisiert, wie verfahren die Situation ist und bricht acht Jahre nach dem Ausstieg aus dem väterlichen Unternehmen sein Schweigen und sucht das öffentliche Gespräch gegenüber Capital. Während der Senior unter illustren Gästen, aber ohne Familie im Rathaus feiert, trifft sich die Familie abends zuhause mit den Verwandten der fünften und sechsten Generation, aber ohne den Vater. Es waren fast alle Mitglieder der Familien da. »Mehr väterlicher und patriarchalischer Bedeutungsverlust war nie. Zeit, die Kontrolle aufzu-geben anstatt durch die absolute Kontrolle seine Familie und die eigene Haltung zu verlieren.« (Zitate aus: Capital, 21.4.2016, 5/2016) (vgl. Kap. 8).

»Dieses neue Wollen« legt ein Fundament

Herbert Zötler dagegen geht mit seinem Sohn, dem Nachfolger, Hand in Hand und stärkt ihm den Rücken:

Herbert Zötler: *Die Erfahrung von meiner Seite und die Dynamik, die die Jugend mitbringt und vielleicht auch dieses neue Wollen. Wenn man das gut verknüpft, dann glaube ich, dass das für das Unternehmen eine gute Ausgangsbasis ist, um mit diesem schwierigen Wandel klar zu kommen.*

Wolfgang Grupp wiederum konstatiert trocken:

Wolfgang Grupp: *Ich kann mir nicht einbilden, dass ich blöde Kinder gezeugt habe. Jedes Kind ist fähig, die Nachfolge des Vaters oder der Mama anzutreten. Wenn die Erziehung stimmt, schön. Wenn ich aber sage – wie das in vielen Familien geschieht – meine Kinder saufen, nehmen Drogen, dann ist das mein Fehler. Für meine Kinder lege ich die Hand ins Feuer. Für meine Kinder, ob sie achtzehn gewesen sind oder nicht, hafte ich. Es gibt keine Diskussion. Und die kriegen alles.*

Wird der Sohn zum Konkurrent oder Feind des Vaters, des Vorgängers? Steht die Firma, die wie ein eigenes Kind erlebt wird, höher als das eigene Kind, geliebt und zärtlich gehätschelt mit aller Aufmerksamkeit, Zuneigung und zeitlicher Aufwendung, das eigene biologische Kind dabei vernachlässigend, fast vergessend? Ist es wie in der iranischen Kultur, wo der Sohn zum Konkurrenten heranwächst und symbolisch getötet werden muss, den ödipalen Konflikt umdrehend? Nicht mehr ist es die Mutter, die den Sohn gegen seinen Vater vereinnahmt, sondern der Vater vereinnahmt die Firma gegen den Sohn. Ein psychologisch versierter Berater und Mediator wird hier professionell den Weg zu einer gelingenden Nachfolge begleiten, raus aus der Verstrickung (s. a. Kap. 7.4 inter-kulturelle Kommunikation: Iran).

Bruder im Geiste des Albert Darboven mag auch der Hamburger Unternehmer Eugen Block sein, Jahrgang 1940 und Gründer mit dem Risiko, ewig erste Generation zu bleiben. Sein Sohn Dirk Block, zeitweiliger Geschäftsführer und aktuell Aufsichtsrat der Block House Restaurants, sagte bei der Eröffnung des 46. Restaurants in Berlin anno 2014 an seinen Vater gerichtet:

»Ein Gründer feilt wie ein Dickbrettbohrer an jedem Detail« [...] Was diese Gründer aber nicht unbedingt können, ist, das Fundament zu legen für ein hundertjähriges Unternehmen.« Diese Zitate finden sich in »Die Zeit« (30.4.2015) unter dem vielsagenden Titel: »Eugen Block. Der ewige Gründer. Seit 46 Jahren kontrolliert Eugen Block höchstpersönlich sein Gastronomie-Imperium. Jetzt will er langsam loslassen – wieder einmal.« Wenig schmeichelhaft betitelt auch der NDR einen Film über ihn mit »Der alte Mann und das Steak« (Mittwoch, 20.1.2016). Die Nachfolgeregelung sollte bis zum 75. Geburtstag entschieden sein.

Im Zeit-Interview (Nr. 26, 16.6.2016) im Juni 2016, drei Monate vor seinem 76. Geburtstag, berichtet Eugen Block, der Vollender (s. Kap. 6: Teamrollen), von seinem Abschied. »Als ich noch jung war, haben alle immer »General« zu mir gesagt. (...) Kann ich einem Kind das Erbe geben, und die beiden anderen werden benachteiligt? Und was wird passieren wenn nach meinem Tod der Mehrheitsgesellschafter Entscheidungen trifft, die die beiden Geschwister für falsch halten? (...) Schon seit 1988 bin ich mit der Nachfolge intensiv beschäftigt, damals habe ich die Block House GmbH in eine AG umgewandelt, um Spitzenführungskräfte zu gewinnen. (...) Weil eine gute und verantwortungsvolle Nachfolge in einem so vielseitigen Unternehmen seine Zeit braucht. Und weil ich meine Kinder im Unternehmen neu kennengelernt habe, mit ihren charakterlichen Stärken und mit ihrem unternehmerischen Denken. Aber jetzt kann ich in Rente gehen. (...) Vor einigen Wochen habe ich in der Aufsichtsratssitzung (...) zusammengeräumt und Auf Wiedersehen gesagt mit den Worten: »Nun macht mal schön!«

Der Patriarch als Vorbild
Im Gespräch mit den Herren Zötler Senior und Junior von der Brauerei Zötler kommt nie der Verdacht auf, es könnte sich um eine verkrustete Konkurrenz oder sogar Feindliebe drehen.

Der Junior und Nachfolger Niklas Zötler, sagt:

> **Niklas Zötler:** *Wobei mir der Stempel des potentiellen Nachfolgers schon relativ früh aufgedrückt worden ist. Mein Opa, der sehr patriarchisch eingestellt war, hat mich quasi mit meiner Geburt als seinen ersten männlichen Nachfolger aus den beiden Familien gesehen. Er hat*

mich auch so präsentiert und ich bin zufällig auch noch am Namenstag meines Großvaters auf die Welt gekommen. Dann war im Endeffekt alles klar. Also ich glaub, das ist so ein Prozess, in den man hinein wächst. Meine Eltern haben das sehr gut gemacht, dass sie mich nicht zu früh unter Druck gesetzt haben oder eigentlich nie unter Druck gesetzt haben, sondern versucht haben, mir den Druck wegzunehmen, mir alle Möglichkeiten offen zu lassen.

Interviewer: *Welche Funktion hat ihres Erachtens die Rolle des* **Patriarchen**? *Ist der Patriarch der starke Macher?*

Niklas Zötler: *Ich glaube hauptsächlich Vorbild. Vorbild, Vorbild, Vorbild! Sei es jetzt die Führung, der Arbeitsstil, die Werte wie Zuverlässigkeit, die Sensibilität, die Verantwortung, die man trägt, die man auch mit Sitz und Würde trägt. Das ist sicherlich die ausschlaggebende Funktion.*

Herbert Zötler: *Wobei, ich würde es heute nicht mehr als Patriarch bezeichnen. Patriarch war ja mein Vater oder mein Opa. Dem hätte der Titel zugestanden. Ich würde mich jetzt nicht als Patriarch bezeichnen.*

Niklas Zötler: *Aber Du bist es dennoch.*

Herbert Zötler: *Ja, das schon, also die Rolle schon, aber die Bezeichnung vermittelt andere Vorstellungen.*

Die Herren Zötler zeigen in diesem kurzen Gesprächsausschnitt, wie man sich im Gespräch den Ball zuwerfen kann und was ich letztendlich unter einer kommunikativen Win-win-Situation verstehe.

Win-win-Lösungen im Patriarchat

Win win ist eine urchinesische Herangehensweise. Nicht das Gesicht verlieren, für beide Seiten eine akzeptable Lösung finden. Von den Chinesen lernen heißt, Kompromisse und Anpassung lernen. Jeder wahrt sein Gesicht und beide Seiten ziehen ihren Vorteil aus einer Sache. Das soll natürlich nicht heißen, dass mit Vertretern der chinesischen Kultur automatisch gut Kirschen zu essen ist (s. unten, interkulturelle Kommunikation).

China steht trotz Kulturrevolution immer noch stark im Sinne des Konfuzius für eine paternalistische Gesellschaftsordnung: Es stehen sich die Personen gegenüber: Lehrer – Schüler, Eltern – Kind, Chef – Mitarbeiter, Mann – Frau, älterer Bruder – jüngerer Bruder.

Das Konfuzianische ist uns fremd in Deutschland und Europa, am ehesten finden wir es aber eben im paternalistischen, patriarchalischen wieder. Mein Opa war das Oberhaupt, der erste Patriarch, den ich kennen gelernt habe. Auch meine Oma war letztendlich eine Patriarchin, sie bestimmte über das Büro und die Finanzen.

Patriarch ist eine tradierte Rolle, sei es der Patriarch von Konstantinopel oder der Papst aus Rom, der Patriarch eines Vereins, sachlich-neutral in der Rolle des Vorsitzenden, der – italienische – Patron eines Familienrestaurants, der Handwerksmeister, der schützende Patron über einer Dorfgemeinschaft, der Familienpatriarch mit seinen Enkeln und Urenkeln, der Gutsherr, »der letzte Patriarch«, wie Berthold Beitz von Krupp, später Thyssen-Krupp, vom manager magazin tituliert wurde.

So sprach auch der Juniorchef eines Familienunternehmens mir gegenüber in der Wirtschaftsmediation über seinen Vater, den Senior-Chef, der im operativen Geschäft nicht loslassen wollte und seine Seilschaften pflegte. Wenn der Senior zu einer Führungskraft käme, lasse diese stets und bedingungslos die Arbeit ruhen, beende unmittelbar das Telefonat, würde alles, was eben noch wichtig war, zurückstellen und innerlich stramm stehen. Der Senior habe stets Priorität. Die Kommunikation war eingleisig wie im ländlichen Regionalverkehr der Bahn. Treffen zwei Züge im Pendelverkehr aufeinander, so muss einer von beiden im Bahnhof auf dem Ausweichgleis warten und seine Aktivität ruhen lassen. So wie also der Schienenverkehr auf diese Weise immer wieder ins Stocken kommt, hat auch diese einseitig angepasste Kommunikation seinen Preis, schränkt die Leistungsfähigkeit der gutbezahlten, gebildeten und erfahrenen Führungsriege spürbar und sichtbar ein.

Der Patriarch kann eben auch zu viel Präsenz haben, bringt vor lauter Präsenz den Betrieb ins Stocken. Denn es scheint zu gelten: »Wer so viel geschaffen hat, hat immer Recht.« So verwechseln Patriarchen ihr Unternehmen und ihre Mitarbeiter, manchmal ihre ganze Umgebung mit ihrem Besitz, wie auch Kinder der Besitz ihrer Eltern zu sein scheinen – ein fataler Irrtum. Eben wollten die Kinder sich noch vom Elternhaus lösen, auf eigenen Beinen stehen, und schon ist es wieder ganz bequem, sich auf das Machtwort von oben verlassen zu können.

Einem Satz des rumänischen Bildhauers Brancusi folgend, handelt der Unternehmer, das Familienoberhaupt, der Patriarch oder die Patriarchin folgendermaßen: »Schöpfen wie ein Gott, befehlen wie ein König, arbeiten wie ein Sklave.«

Es könnte so umformuliert werden: Schöpfen und Wert schöpfen wie ein Visionär und Gründer, führen und entscheiden wie ein weiser Vater oder eine weise Mutter, ausdauernd und hart arbeiten wie die Arbeiter und Mitarbeiter, dabei den Gemeinsinn stets im Bewusstsein. Manchmal ist ein Patriarch aber auch nur wie ein Platzhirsch.

Der starke Leader vertraut auf die »effiziente Demokratur«
Michael Weiß von Meckatzer sagt:

> **Michael Weiß:** *Also ich glaube schon, dass der Patriarch häufig negativ gesehen wird. Es gibt ja auch Patriarchen, auch in Familienunternehmen – wenn ich z. B. Hans Riegel sehe von Haribo oder andere – die festhalten an ihrer Position oder an den patriarchalischen Strukturen. Wo es sich dann schon ins Negative dreht. Aber die Menschen brauchen Führung. Das klingt jetzt vielleicht hart, darüber können wir noch lange diskutieren. Zuviel Freiheit ist auch schwierig. Damit können die Menschen eigentlich nicht umgehen. Jeder wünscht sich von uns, dass Frau Merkel etwas mehr Führung zeigt und auch den Sinn dessen, das eine oder andere zu tun oder zu unterlassen, vermittelt. Ich sag immer gern auch zu meinen Gesellschaftern: Das effizienteste System ist eigentlich Demokratur: Jemand, der an der Spitze ist und mit dieser Position verantwortungsvoll umgeht und das Unternehmen vorantreibt. Aber auch den anderen integriert.*
> *[...] Ins Extreme laufen lassen oder ins Extreme durchdrücken, ist natürlich nichts. Aber ein Patriarch, der seine Familienmitglieder im umfassenden Sinne lieb hat, deren Wohl im Auge führt, aber viele Dinge dann*

doch nach seiner Idee durchzieht. Wenn es sich dann auch als erfolg-
reich herauskristallisiert. Das ist durchaus wichtig und gut.

Christine Sasse, Vorstand Personal bei der Dr. Sasse AG, sagt:

Christine Sasse: *Er [der Begriff »Patriarch«] hat schon eine gewisse*
Bedeutungsrichtung. Er ist übermächtig und ich würde mich ungern
in meiner Führungsrolle als übermächtig sehen. Lassen wir das »über«
weg. Ich will nicht sagen, dass ich nicht mächtig wäre. Ich versuche
natürlich schon, meine Rolle so auszuüben, dass am Ende des Tages
mein Mann oder ich die Entscheidungshoheit haben. Wir müssen ja auch
entscheiden, das wird ja von uns verlangt in der Rolle. Aber ich würde
es nicht gerne als Übermacht sehen wollen, weil das genau zu dem
Punkt führen würde, dass Innovation im Keim erstickt würde und dass
Menschen eher zu viel Respekt oder Angst hätten. Das ist erst mal nicht
zeitgemäß, würde auch nicht zu mir passen und würde auch viele gute
Ideen und gutes Engagement im Keim ersticken.
Insofern denke ich: Bei meinem Mann ist es vielleicht noch etwas anders,
er ist ja auch der Gründer, ein paar Jahre älter. In manchen Sachen hat er
sicher etwas mehr einen autoritären Führungsstil, er hört auch erst mal
zu, aber ist schneller an dem Punkt wo er sagt: So machen wir das jetzt.
Wo hingegen ich eher noch mehr versuche, die Stimme der Mitarbeiter
einzubinden mit deren Ideen.
[...] Ich glaube schon, dass ein starker Leader, ein starker Frontmann
an der Spitze eines Unternehmens auch für die Mitarbeiter wichtig ist.
Die wollen zwar bei aller Offenheit und Mit-Gestaltungsmöglichkeit,
dass ihre Ideen mit berücksichtigt werden. Aber es wird eben doch ge-
fordert, dass am Ende eines Tages einer ist, der die Entscheidung dann
fällt, wenn alle Stimmen und Ideen hervorgebracht worden sind und er
die unternehmerische Verantwortung letztlich für solche Entscheidung
dann trägt. Was mir gerade in letzter Zeit wie Schuppen von den Augen
gefallen ist, dass Mitarbeiter fragen, wie denn unsere Vision eigentlich
aussehe. Sie wollen, dass diese Vision mitgeteilt wird. Für was steht das
Unternehmen, was sind unsere Ziele, wo wollen wir hin?

Carsten Henning von Räder-Vogel:

> **Carsten Henning:** *Er war für mich eine Zeitlang eher negativ besetzt, der Patriarch. Es gibt ja auch andere berühmte Beispiele in großen deutschen Unternehmen, wo es nicht so gut funktioniert hat. Aber der Patriarch an sich ist eine Leitfigur oder ein Leitwolf, wie man auch immer das benennen will. Der einfach oben drüber steht, zu dem die Leute vielleicht auch einmal aufgucken. Ein besseres Bild ist: Der läuft über eine Brandung. Das ist immer, wenn es Probleme gibt, dann wissen die Leute, dass da einer ist, der sie löst. Sei es zum Beispiel in der Weltwirtschaftskrise: Dann wissen die Leute, die täglich die Nachrichten darüber lesen, wie alles bergab geht, aber sie wissen auch, da ist einer, der manövriert das Boot dann schon durch so ein Wetter und wir kommen alle Mann raus. Das ist uns auch gelungen in der Krise.*
>
> *Das ist nur gelungen, weil wir mit den Mitarbeitern und auch mit dem Betriebsrat einfach geredet haben, Lösungen gefunden haben, wie wir die Krise meistern können. Auch wenn wir es nicht niedergeschrieben haben: Wir haben per Handschlag Vereinbarungen getroffen, an die wir uns dann aber auch gehalten haben als Unternehmer. Da ist das, was das Familienunternehmen vielleicht auch von anderen Unternehmensformen unterscheidet. Man denkt nicht kurzfristig, sondern eher langfristig. Das ist das, was den guten Patriarchen letztendlich auch ausmacht.*

Der Patriarch sichert den Fortbestand des Familienunternehmens

Ein vorherrschendes Wort des Enkels Wolfgang Grupp ist »Versager«. Als Visionär, ausgezeichnet mit dem Cradle to cradle award, den Gemeinsinn vor Augen, will er die »Versager« überwinden, seien es die »Versager« unter den Unternehmern oder womöglich der Vater selbst.

Der zentrale Satz im Interview von Wolfgang Grupp ist:

> **Wolfgang Grupp:** *Meine Vision, meine Aufgabe ist es im eigenen Sinne, dass Sie nicht morgen kommen und sagen können: Gestern hat er noch Sprüche gemacht und heute ist er: Der Versager!*

Es ist seine Angst, als Versager zu gelten. Dabei ist er doch der Patriarch, der Patron.

Wolfgang Grupp: *Der Patriarch heißt für mich nicht der Diktator, es ist praktisch der Patron, der schützt, der darüber steht. Macht er Fehler, geht das unweigerlich aufs Unternehmen über. [...] Der Patriarch ist verantwortlich für den Fortbestand des Familienunternehmens. Er hat die Fäden in der Hand.*

Den Willen nicht immer durchsetzen

Sogar der derzeitige Papst als eine der wenigen Personen, die noch bis in die jüngste Gegenwart (bis 2006) den Patriarchen offiziell im Titel trug, versucht das sich langsam durch die Jahrtausende bewegende Schiff Römisch-Katholische Kirche hierarchisch weniger steil aufzustellen, um nicht als Patriarch schon alle Fragen zu beantworten. Vielmehr will er durch die aus den flacheren Hierarchien entstehenden größeren Spielräume seiner Mitglieder u. a. auch erreichen, dass der Fortbestand der Kirche gesichert wird.

»É una trappola« (»Das ist eine Falle«), soll der Papst zu Christoph Kardinal Schönborn, dem Wiener Erzbischof, gesagt haben und meinte damit, die Falle sei, zu viel an Entscheidung vorwegzunehmen. Schönborn stellte am 8.4.2016 in Rom das päpstliche Lehrschreiben »Amoris Laetitia – über die Liebe in der Familie« (wörtlich: Die Freude der Liebe) vor und wehrt sich gegen eine verengte Sicht auf das Thema Ehe und Familie. Er stellt klar, dass es sozusagen keine starre Regel geben soll, vielmehr soll es den örtlichen Gemeinden erleichtert werden, ihren eigenen Weg zu finden, anstatt stur einen patriarchalisch-vorgegebenen Weg zu gehen.

Ein Patriarch braucht Wegbegleiter, Führungskräfte und Mitarbeiter, die selbst Spuren hinterlassen möchten, mutig und unangepasst: Im Familienunternehmen findet sich die Falle manchmal auch im starren Regelwerk, das womöglich so weit geht, dass der Patriarch über das Einschenken des Bieres bestimmt.

Anschaulich wird das beim Besuch der Block House Gastronomie. Die dort »praktizierte« Bierphilosophie gibt einen Einblick in das strenge Regelwerk und erhellt, warum sich Eugen Block, bis zum Juni 2016 Chef der Block Gruppe, bisher noch schwer tut, einen Nachfolger zu wählen oder zuzulassen. Wer ein großes Bier bestellt, erhält ein 0,3 l Pils vom Fass. Ein großes Bier gibt es nur als Weizen. Ansonsten gibt es kein großes Bier, im Block House gibt es nur 0,3 l vom Fass. Denn genau so möge es der Chef, wie der Kellner mitteilt. Ein Größeres würde schal werden. Dem Gast wurde die Wahlmöglichkeit aus der Hand genommen, die Bierbestellung wurde zu einem – zugegebenermaßen kleinen – Machtspiel. »É una trappola«, könnte man sagen: Es ist eine Falle, dem Gast etwas »überzustülpen«, was er gerne und leicht selbst entscheiden kann.

Im Juni 2016 gibt Eugen Block seinen Rückzug bekannt: »Ich bin jetzt nur noch der Libero!« (Zeit, 16.6.2016) *Nur*? Entsprechend seiner Fehleranalyse bringt er sich ein als der ›freie Mann ohne festen Gegenspieler‹? In England ist dies der Sweeper, Ausputzer.

»Sie müssen Ihren Willen immer durchsetzen?« fragte Norbert Vojta Eugen Block (in: Welt am Sonntag, 16.8.2015). Block (lacht) und antwortet: »Am liebsten ja!«

4.2 Die persönliche Haltung in der Führungs- verantwortung – Innere Größe oder Scheinriese?

> »Ach!« *rief er plötzlich, indem er beide Hände hinter seinen Kopf bewegte und sie dann weit vorwärts stieß, als wehrte er die ganze Welt von sich ab ...* »Wie satt ich das alles habe, dies Taktgefühl und Feingefühl und Gleichgewicht, diese Haltung und Würde ... wie sterbenssatt!...«
> Thomas Mann, Buddenbrooks

> *Nie hatte Thomas Buddenbrook seinem Bruder mehr imponiert als zu dieser Stunde. Der Erfolg ist ausschlaggebend. Der Anderen Achtung vor unseren Leiden verschafft uns nur der Tod, und auch die kläglichs-*

ten Leiden werden ehrwürdig durch ihn. Du hast recht bekommen, ich beuge mich, dachte Christian, und mit einer raschen, unbeholfenen Bewegung ließ er sich auf ein Knie nieder und küßte die kalte Hand auf der Steppdecke. Dann trat er zurück und begann, mit schweifenden Augen im Zimmer umher zu gehen.

Thomas Mann, Buddenbrooks

Im zweiteiligen Fernsehfilm von Heinrich Breloer aus dem Jahr 2008 findet Christian entgegen dem oben zitierten Original zu folgenden Worten gegenüber seinem Bruder Thomas Buddenbrook an dessen Leichenbett: »Du lieber Gott, Tom, ich wusste es doch nicht. Du hast es ja keinem gesagt, was es Dich gekostet hat: die Firma und immer die Firma. Deine Würde!«

Breloer gelang eine überzeugende psychologische Zeichnung der Charaktere. Auf die direkte Darstellung der ersten Generation des Buches hat er im Film verzichtet, dabei aber die Geschichte überzeugend auf die Hauptaussagen verdichtet.

Sich trauen, Feedback einzuholen als Ausdruck von Würde

Das Herdentier Mensch findet seine Haltung möglicherweise in der Geborgenheit von Familie und des Familienunternehmens, sicherlich unterstützt von der Reibung im Freundeskreis und dem Feedback aus der Umgebung, wenn man sich aktiv Feedback einzuholen traut (vgl. auch Kap. 6). Man braucht sicher Mut dazu. Führungsspitzen sind oft einsam, was sie häufig nur ihrem Coach gegenüber eingestehen. Einsam sind sie gerade, weil sie zu wenig Feedback erhalten und sich im schnelllebigen Businessalltag zu selten trauen, fundiertes Feedback einzuholen.

Auf meine Frage »Wer gibt Ihnen Feedback?«, antwortete Henning Beeken:

Henning Beeken: *Meine Frau, meine Eltern, mein Onkel (Lachen). Meine Kinder fangen auch schon an.*

Interviewer: *Wie alt sind die jetzt?*

Henning Beeken: *Sieben und zehn. Freunde natürlich auch hier und da.*

Wolfgang Grupp antwortete auf dieselbe Frage:

Wolfgang Grupp: *Feedback gibt mir meine Familie, meine Frau, meine Kinder und meine Mitarbeiter. Ich brauche ein Feedback. Ich brauche ein Echo. Dazu, ob das was ich entscheide oder will auch richtig ist.*

Carsten Henning von Räder-Vogel sagte im Kontext der Kommunikationskultur:

Carsten Henning: *Wir fangen gerade an mit sogenannten Feedback-Gesprächen, Vorgesetzte führen einmal jährlich ein Gespräch mit den Mitarbeitern. Da geht es um Personalentwicklung. Dann haben wir unsere Betriebsversammlung zweimal jährlich und auch so den Dialog mit dem Betriebsrat. Es gibt eine Managementrunde jeden Montag und verschiedene andere Kreise, in denen Themen besprochen werden. Und auch da versuchen wir, so wie es in der Vision und Strategie kommuniziert ist, fair und offen miteinander umzugehen. Und wenn es einmal Probleme gibt, werden die besprochen. Da wird immer versucht, eine Lösung zu finden. Das ist unsere Kultur. Das ist ein Prozess, aber der ist auf einem guten Wege. Ja.*

Francesca Rosenberger, Hotel Gabrielli in Venedig, antwortete:

Francesca Rosenberger: *Ich lebe ja nun alleine mit meinen Kindern. In unterschiedlichen Bereichen gibt es unterschiedliche Leute. Ich merke aber, ich muss es [das Feedback] mir auch holen. Es steht nicht ständig jemand neben mir, der sagt: Das finde ich doof und das machst Du gut. Ich muss es mir wirklich holen. Ich kriege es natürlich im Unternehmen, da kriege ich das so: Finden wir gut, finden wir doof, klappt, klappt nicht. Das geht relativ schnell. Mein Kinder sagen mir das auch: Was machst denn Du da? Und Freunde letztendlich auch. Aber oftmals gehe ich auch zu jemandem hin und sage: Ich habe das jetzt so und so gemacht. Wie findest Du das? Von alleine stellt sich das nicht immer ein.*

Die Frage erübrigte sich an die Interviewpartner, die zu zweit mit mir im Gespräch waren: Senior und Junior Zötler sowie Seniorin und Juniorin Sasse.

Dort war im Miteinander spürbar, wie die Teamarbeit und damit auch das Feedback etabliert sind.

Im Feedback, gebend und annehmend, zollen Personen sich gegenseitig Respekt und drücken Achtung voreinander aus, sie würdigen sich auf diese Weise gegenseitig. Aus diesem Moment des Verleihens von Würde, im Sinne von Wert, entwickelt sich zunehmend die eigene, typische Haltung. Prägend für die persönliche Haltung in der Führungsverantwortung sind häufig Schlüsselerlebnisse, die einer Person meist auch Haltung abverlangen.

Haltung statt Strenge als Teil der Führungs-VITA
Für Wolfgang Grupp war ein Schlüsselerlebnis zur Entwicklung seiner Haltung – als Privatmensch vor dem Hintergrund des erfolgreichen Unternehmers – seine Entscheidung für seine Frau und ihre anschließende Heirat (worauf er im Interview ausführlich eingeht):

> **Wolfgang Grupp:** *Ich hab aber ganz klar gesagt: Wenn ich geschäftlichen Erfolg habe und mich dieser privaten Ehe nicht stelle und keine Familie gründe, dann hätte ich privat versagt. Und das entscheidende Schlüsselerlebnis, wenn Sie es so bezeichnen wollen, war für mich an und für sich der Tag, als ich heiraten durfte.*
> *Also die Gründung meiner eigenen Familie und damit die Basis für den Fortbestand des Familienunternehmens: Das ist das entscheidende Schlüsselerlebnis.*

Die Geschlechterrolle per se ist nicht entscheidend. Ob Führungskräfte männlich oder weiblich sind, ist für sich gesehen weder positiv noch negativ, wesentlich ist, mit welcher Haltung man seine Geschlechterrolle ausübt. Viele männliche Führungskräfte sind privat Väter, im Familienunternehmen sind sie bewusst oder unbewusst beruflich Väter, so wie auch weibliche Führungskräfte möglicherweise privat, häufig aber auch beruflich in der Mutterrolle sind. Psychodynamisch betrachtet ist es von grundlegender Bedeutung, dass Führungskräfte die elterliche Fähigkeit entwickeln, sich als Projektionsfläche zur Verfügung zu stellen, die Gefühle wie in einem Container bei sich zu halten und ein guter Vater bzw. eine gute Mutter für die Mitarbeiter zu sein: emotional nahbar und empathisch, geduldig, dialogbereit, sozusagen strapazierfähig.

Im Sinne des Containment (Waibel, 2010, Kap. 3) geht es also darum, mit den eigenen Gefühlen nicht unkontrolliert herauszuplatzen, sondern sie bei sich zu halten bis zu dem Moment, der es erlaubt, angemessen und wertschätzend gegenüber anderen Personen darüber ins Gespräch zu gehen.

Ein strenger Vater und eine strenge Mutter als Führungspersönlichkeiten sind letztendlich nur Ausdruck einer erstarrten Haltung. Oder ein Patriarch, der einmal mit Strenge und einmal mit Nachsicht führt, dabei aber letztendlich haltlos und wankelmütig wirkt. Vielleicht deshalb, weil möglicherweise zurückblickendes Trauern keinen angemessenen Raum gefunden hat im von Leistung und nach vorne gerichteter Tatkraft ausgefüllten Leben. Ohne zurückblickendes Trauern wird aber auch das nach vorne gerichtete Ver-Trauen nicht zur verlässlichen Haltung, wie Sie bereits im Kapitel 1 erfahren haben.

Eine überzeugend stimmige Führung mit Führungsstärke resultiert aus der persönlichen Führungs-VITA. In meinem Buch »Schweigen Sie noch ...« (Waibel, 2010, 145 ff.) gehe ich ausführlich darauf ein. Die Abbildung »Führungs-VITA« (s. Abb. 5) zeigt die Entwicklung von der

Vision über die
Innere Haltung über das
Trauern und Ver-**T**rauen bis hin zur
Ver-**A**ntwortung.

Das in dem Begriff Führungs-VITA enthaltene Akronym VITA, gebildet aus den Anfangsbuchstaben vier verschiedener Entwicklungsaufgaben, wirkt relativ stabil. Diese Stabilität ergibt sich aber nur, indem die vier Komponenten dieses Akronyms in einen Zusammenhang gestellt werden. Dies ist der lebenslange Entwicklungsprozess einer Persönlichkeit, denn die Führungsaufgabe leitet eine Persönlichkeit immer wieder durch unbekanntes wie auch durch vertrautes Gelände, durch Routine und völliges Neuland. Eine Führungspersönlichkeit muss erkennen, wenn eigene Führungsschwäche schöngeredet oder verleugnet wird.

»Stimmig« ist es, auf der Basis von Vertrauen nachhaltig eine Vision zu verfolgen, diese gemessen an der inneren Haltung gegenwärtig zu halten sowie zu fragen und vielfach zu **A**ntworten, das ist das **A** in VITA. Vielfach antworten meint, auf eine explizit formulierte Frage mehrere Antwortalternativen zu entwickeln, um sich dann nach bestem Wissen und Gewissen für die beste Antwort zu entscheiden.

Die hier skizzierte »stimmige Führungspersönlichkeit« übernimmt aufgrund der Bereitschaft zu persönlicher Entwicklung die Führungsverantwortung, als Vater bzw. als Mutter. Darauf baut erfolgreiche Führung auf, wie es auf dramatische Weise der Spielfilm »The Green Mile« (1999) von Frank Darabont (nach dem gleichnamigen Roman von Stephen King) veranschaulicht. Im Todestrakt eines Staatsgefängnisses bewachen die Wärter die Gefangenen bis zur Hinrichtung auf dem elektrischen Stuhl. Im Zentrum steht der zu Unrecht verurteilte Gefangene John Coffey mit seiner übernatürlichen Gabe, Krankheiten zu heilen, eine Art Jesusfigur. Die Teamarbeit funktioniert auch und gerade deshalb in Stresssituationen, weil das Team mit hervorragend verteilten Teamrollen aufeinander eingespielt ist (s. Kap. 6) mit einem Chef, der seiner Führungsverantwortung gerecht wird, indem er emotional greifbar sowie als »Vater« präsent ist. Je stärker eine Führungspersönlichkeit in die Rolle des Patriarchen schlüpft, desto mehr bedarf es dieser väterlichen Haltung (vgl. Waibel, 2010, S. 175 f.)!

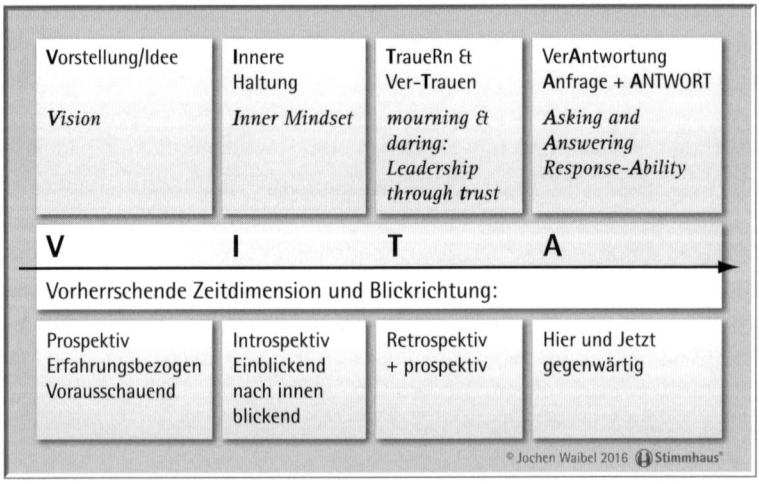

Vorstellung/Idee	Innere Haltung	TraueRn & Ver-Trauen	VerAntwortung Anfrage + ANTWORT
Vision	*Inner Mindset*	*mourning & daring: Leadership through trust*	*Asking and Answering Response-Ability*
V	**I**	**T**	**A**

Vorherrschende Zeitdimension und Blickrichtung:

Prospektiv Erfahrungsbezogen Vorausschauend	Introspektiv Einblickend nach innen blickend	Retrospektiv + prospektiv	Hier und Jetzt gegenwärtig

© Jochen Waibel 2016 Stimmhaus®

Abb. 5: Die »Führungs-VITA« weist den Weg

Die Repräsentanten von Familienunternehmern, die ich zum Interviewgespräch für dieses Buch traf, verstehe ich in ihren Aussagen und ihrem Engagement so, dass die Innere Haltung, das innere Mindset, von wesentlicher Bedeutung ist, sie ist das stabile Fundament. Spätestens, wenn es um starke Veränderungsprozesse wie beispielsweise die Unternehmensnachfolge geht, ermöglicht diese Dimension, zu sehen, was zu tun ist. Die gesamte VITA ist elementar, doch ohne das I ist die ganze VITA hoffnungslos und nur durch den Tod des Unternehmers oder andere Machteingriffe findet sich eine Lösung, wodurch die Nachfolger innere Handlungsfreiheit gewinnen können – vorausgesetzt es gibt äußere Handlungsfreiheiten in Form ökonomischer, betriebswirtschaftlicher Gegebenheiten.

Die innere Haltung spiegelt die persönliche Erfahrung und das individuelle Wissen einer Persönlichkeit, sei es Familienmitglied, Patriarch, Unternehmer, Gründer oder Unternehmensnachfolger. Die Erfahrung und das Wissen beinhaltet die Fähigkeit zur Selbstreflexion und Introspektion. Diese Fähigkeiten schaffen Verpflichtungen, gerade für einen verantwortungsbewussten Unternehmer. Denn die zur Selbstreflexion befähigte Persönlichkeit hat auf dem Wege dazu ein stabiles Rückgrat entwickelt und ist sich und anderen gegenüber an Aufrichtigkeit und Achtung interessiert sowie an zwischenmenschlicher Verbindlichkeit. Die innere Haltung ermöglicht es, die Kraft und Entscheidungskompetenz aufzubringen, die eine Führungsaufgabe der Führungspersönlichkeit jeden Tag abverlangt. Die innere Haltung ermöglicht letztendlich ein Handeln als Vorbild.

Der Scheinriese Tur Tur: innere und äußere Größe

Zur Frage von Haltung und innerer bzw. äußerer Größe passt wunderbar das Tur-Tur-Phänomen: Der Herr Tur Tur, »mit Vornamen heiße ich Tur und mit Nachnamen auch Tur« ist der liebenswerte Scheinriese aus dem Kinderbuch »Jim Knopf und Lukas der Lokomotivführer« von Michel Ende. Aus der Ferne wirkt Herr Tur Tur bedrohlich, ein Riese »von so ungeheurer Größe, dass selbst das himmelhohe Gebirge ›Die Krone der Welt‹ neben ihm wie ein Haufen Streichholzschachteln gewirkt hätte«. Fürchterlich angstregend, alle nehmen Reißaus, wenn sie ihn von weitem sehen. Deshalb ist Tur Tur eben ein sehr einsamer Mann, so wie auch ein Patriarch und überhaupt mancher Chef recht einsam sein kann und unnahbar erscheint. Lukas der Lokomotivführer überwindet aber seine Angst, denn er merkt, dass dieser

Riese ganz harmlos ist. »Er kommt mir sogar sehr nett vor. Nur mit seiner Stimme ist irgendwas nicht in Ordnung.« Denn seine Stimme hätte beim Rufen »eigentlich wie ein ganzes Gewitter klingen müssen. Das war aber keineswegs der Fall«. So überwindet Lukas seine Angst, er ist ohnehin der Meinung: »Angst taugt nämlich nichts. Wenn man Angst hat, sieht es meistens viel schlimmer aus, als es in Wirklichkeit ist.« Jim Knopf vertraut seinem großen Freund Lukas und so gehen beide auf den Riesen zu. Dieser wird immer kleiner, je näher man ihm kommt. Zum Schluss steht ein alter sympathischer und überaus sanfter Mann vor Jim und Lukas und es entsteht ein wunderbarer Kontakt und eine lebenslange Freundschaft. Viel später tritt Herr Tur Tur in das einem Familienunternehmen ähnliche Königreich des Inselstaates von Lummerland ein, regiert von König Alfons dem Viertel vor Zwölften. Auf der kleinen Insel wird er, da kein Platz für einen Leuchtturm ist, zum riesenhaft erscheinenden Nachtwächter, dessen Laterne schon von weitem von den Schiffen gesehen werden kann, sodass kein Schiff gegen die Insel fährt. Tur Tur ist eben ein Scheinriese: von weitem riesengroß erscheinend ist er aus der Nähe ein ganz normaler kleiner Mann. Natürlich ist er auch weit entfernt von dem, was wir Little-Man oder Napoleon-Syndrom nennen, denn er ist ja zugleich groß und klein, dabei in seinem inneren Wesen sehr milde. Der Scheinriese wirkt statt unnahbar streng und riesig angenehm und angemessen klein, freundlich und sympathisch ebenso wie mancher gestresste Vater und manche Mutter aus der Nähe bzw. nach Feierabend oder später als Oma und Opa. Mit manchem Patriarchen und manchem Chef und mancher Führungskraft verhält es sich ganz ähnlich: In der Nähe, wenn man in Kontakt kommt, wird die Begegnung manchmal ganz anders als erwartet.

»Augenzwinkernd zugelassen«

Vor diesem Hintergrund lohnt es sich auch, beispielsweise Ferdinand Piech zu betrachten: Riese oder Scheinriese? Patriarch, Aufsichtsratsvorsitzender der Volkswagen AG bis zu seinem Rücktritt am 25. April 2015, zudem Teilhaber und Großaktionär. Einerseits verliert Volkswagen einen Visionär, der seinesgleichen sucht, Volkswagen enorm vorangetrieben und vorangebracht hat. Andererseits endet bei Volkswagen mit Piech eine Führungskultur, die althergebracht, autokratisch ist. Im Mai stolperte also Piech über Winterkorn, den er absetzen wollte, was aber letztlich zum Rückzug Piechs führte. Bald darauf 2015 kam die Abgasaffäre, mit dem Rücktritt des Vorstandsvorsitzenden Martin Winterkorn am 23.9.2015 aufgrund der strafrechtlich relevanten Manipulationen an den Dieselmotoren. Martin Burkhard (SPD), Vorsitzender des Verkehrsausschusses des deutschen Bundestages, spricht am 24.9.15 in NDR-Info von einem »Management-Totalschaden«.

Der Unternehmer und heutige Beiratsvorsitzende der Dr. August Oetker AG, Dr. August Oetker, kommentierte am Tag darauf, am 24. September 2015, im Gespräch an der Universität Hamburg die Führungsverantwortung von Martin Winterkorn bzw. die Verantwortung von Vorständen folgendermaßen: »Es ist nun mal so, dass wenn man der oberste Chef ist und so was passiert, dann muss man gehen. Dann kann man nicht sagen, das war ein Abteilungsleiter, der das falsch gemacht hat. Oder das Ausmaß von dem, wenn es dann so ist, dieses Ausmaß kann nicht passieren durch einen Abteilungsleiter. Da muss etwas vorgefallen sein, wo man vielleicht augenzwinkernd etwas zugelassen hat, was dann eine eigene Dynamik entwickelt hat.«

Wolfgang Grupp von Trigema sagte dazu im Oktober 2015:

> **Wolfgang Grupp:** [...] immer wieder die Gier, auch die VW-Gier. Wissen Sie: Wenn ich als Verantwortlicher zu meinen obersten Leuten sage: Ihr verliert den Job, wenn ihr dieses Ergebnis nicht bringt und ihr müsst der Größte der Welt werden und die Kosten dürfen nicht angehoben werden – dann bin ich irgendwann dafür verantwortlich, wenn am Schluss auch Betrug geschieht. Verstehen Sie, wenn ich meine Mitarbeiter drangsaliere, sie würden den Job verlieren, wenn Sie das Ergebnis nicht bringen, dann kann es naheliegend sein, dass sie mich anschließend bescheißen. [...] Der Piëch hat garantiert eine Ahnung von seinem Laden. Der wusste ganz genau, dass das Ziel, das er gesetzt hat, nur so zu erreichen war. Das hat er geschluckt in meinen Augen. Und der Winterkorn muss meiner Meinung nach auch (Lachen) ..., verstehen Sie?
> Und das kann nicht bloß ein Angestellter gemacht haben. Die hatten sicher eine Ahnung, aber Sie haben das, was jetzt passiert ist, auch in Kauf genommen.